综合性物流园区的信息化建设

主　编　高同庆
副主编　陈　刚

西北工業大學出版社

图书在版编目(CIP)数据

综合性物流园区的信息化建设/高同庆主编.—西安:西北工业大学出版社,2013.2

ISBN 978-7-5612-3612-3

Ⅰ.①综… Ⅱ.①高… Ⅲ.①物流—工业区—信息化进程 Ⅳ.①TU984.13 ②F253

中国版本图书馆 CIP 数据核字(2013)第 037857 号

出版发行:西北工业大学出版社
通信地址:西安市友谊西路 127 号 **邮编**:710072
电　　话:(029)88493844 88491757
网　　址:www.nwpup.com
印 刷 者:兴平市博闻印务有限公司
开　　本:727 mm×960 mm 1/16
印　　张:8.375
字　　数:147 千字
版　　次:2013 年 3 月第 1 版 2013 年 3 月第 1 次印刷
定　　价:20.00 元

前　言

本书针对我国物流行业发展的现有条件，规划了针对综合性物流园区的物流综合信息服务平台解决方案，为我国综合性物流园区的信息化建设的方向提供了参考。

书中借鉴国内外物流园区的信息化发展经验，立足于我国现有综合性物流园区的发展现状，重点描述了集信息展现、电子商务、物流运载、仓储管理等功能为一体的综合信息服务平台解决方案。平台为物流行业客户提供全方位、一站式的物流信息化服务。以现代信息技术为传统物流行业提供服务，力争以信息化手段促进优质物流品牌的树立，努力打造高标准、高品位的现代化、国际化综合性物流园区，为我国物流产业的发展提供科学的信息化指引。

各种高新技术在物流行业的应用能够极大地提升物流行业的生产力水平，本书将现代科学技术与我国物流园区发展的现实情况相结合，描述了各类技术在物流行业信息化过程中的重要角色。相关技术包括：①通过单点登录、跨平台数据共享实现子平台的无缝结合；②通过 EDI 技术实现电子交易，使用数字证书、USB-KEY 等技术确保平台安全性；③结合 GPS，GPSOne，GIS、无线视频等技术实现货物跟踪；④通过二维码、RFID 等自动识别、标识技术提高仓储管理效率等。

综合性物流园区的信息化建设是一项大的系统工程，本书立足于现代科学技术与物流行业发展的结合，高起点地为物流园区信息化建设提供了前瞻性广、切实可行的借鉴。

由于水平所限，书中欠妥之处，请读者批评指正。

编　者

2013 年 1 月

目　　录

第1章 物流园区及物流业的发展

1.1 什么是物流

随着经济的发展，物流已经不仅仅是商品流通本身，它所指的范围非常广泛，包括商品运输、储存、配送、装卸、保管、物流信息管理等一系列活动。

“物流”概念最早产生于20世纪50年代，随着经济的迅速发展，物流也得到了迅猛的发展，因此，物流的含义也从单纯的“货物配送”发展到集物流、信息流和资金流为一体的全方位管理，成为国际运输业中一种最为经济合理的综合服务模式。什么是物流？权威的定义是：物流是以满足客户需求为目的，为提高原料、在制品和制成品以及相关信息从供应到消费的流动和储存效率与效益而对其进行的计划、执行和控制的过程。这是美国物流管理协会1985年给物流下的定义。

根据物流的概念，物流产业主要有四个主要分类，分别是：

(1)硬件设施的物流业务，如经营货仓及码头；

(2)运输基础的物流业务，如经营空运及海运等业务；

(3)软件资讯基础的物流业务，设计电脑物流软件及管理手册给物流企业；

(4)财务基础的物流企业，包括替运输公司进行报关等文件手续的企业。

物流的飞速发展，科学的迅猛进步，在最近几年产生了现代物流这一名词，所谓现代物流，主要是相对于传统物流而言的，它是指原材料、产成品从起点至终点及相关信息有效流动的全过程，它将运输、仓储、装卸、加工、整理、配送、信息等方面有机结合，形成完整的供应链，为用户提供多功能、一体化的综合性服务。

在现代物流中，信息起着非常关键的作用，商品的流动要准确、快速地满足消费者需求离不开信息流动，资金的及时回笼也离不开相关信息的反馈。通过信息在物流系统中快速、准确和实时的流动，可使企业迅速地对市场作出及时的反应，从而实现商流、信息流、资金流的良性循环。现代物流是一系列繁杂而精密的活动——计划、组织、控制和协调。这一活动，离不开信息技术的支持。

物流的发展，又产生了绿色物流的说法。

现代物流的飞速发展为社会经济的发展做出了巨大贡献,但同时也带来了一系列的社会问题,如运输车辆的燃油消耗所造成的空气污染,包装所带来的废弃物污染,运输和流通加工所带来的噪音污染、资源浪费、城市交通堵塞等。基于物流对环境造成的破坏,绿色物流概念应运而生。所谓绿色物流是指在物流过程中抑制物流对环境造成损害的同时,实现物流环境的净化,使物流资源得到最充分的利用。其目标是将环境管理导入物流业的各个系统,加强物流业中保管、运输、包装、装卸搬运、流通加工等各个作业环节的环境管理和监督,有效遏止物流发展造成的污染和能源浪费。具体说来,绿色物流的目标不同于一般的物流活动。绿色物流除追求上述经济利益目标之外,还追求节约资源、保护环境这一既具经济属性又有社会属性的目标。

1.2 物流园区

1.2.1 什么是物流园区

我国的物流园区一般是指多种物流设施和不同类型的物流企业在城市空间上集中布局的场所,是一个具有一定规模和综合服务功能的物流集结点,与工业园区类似,具有土地开发效应。物流园区的出现不仅是经济和物流发展规律的内在要求,而且还具有丰富和拓展城市功能、促进城市产业布局和功能分区布局调整、舒缓城市交通拥挤、改善城市景观和环境质量、带动其他关联产业发展等多种社会功效。

1.2.2 物流园区建设背景

物流园区在我国的出现不是一个偶然的现象,是多方面因素综合作用下的结果。这些因素同时也构成了物流园区建设发展的条件,只有城市化达到一定水平,工业、商业和运输达到一定阶段,物流园区的建设发展才能发挥其应有的效益。

1.物流规模化、集约化发展是物流园区发展的直接动力

分工,特别是社会分工是流通发展的动力,构成现代物流发展的内在机制。社会分工为经济活动的专业化提供了基础,专业化的经济活动提高了经济运行的效率。物流园区兴起的直接动力是物流活动作为一种独立分工出现后并进入专业化、规模化、集约化的发展。物流规模化、集约化要求集中发展物流产业,将物流活动在空间上联合起来,这样便于市场主体之间相互协作,降低相互之间的交易成本。

2.城市化发展是物流园区建设发展的前提

城市是物流园区规划、建设、经营与发展的空间载体。经济活动聚集,是城市经济的最根本特征之一。工业的集中有助于一些辅助性工业的建立,人口的集中产生了大量的商品贸易,集中的工业、商业和居民促成了大量的物流需求产生,形成物流园区建设的源动力。在城市化过程中,大都市带和城市带的形成[1],使得同属于一个城市带中的城市间交流将更加频繁,要求有相应的物流系统为之服务,物流园区的健康发展是不可缺少的条件之一。

3.货运现代化推动物流园区的发展

20世纪90年代以来,关于运输与经济发展的相关理论研究有了一定进展[2],归纳总结了运输与经济发展的关系。在工业化后期,由于当前经济结构的高技术和服务化趋势,货运的现代化发展表现为从数量增长转向更注重提高运输质量,运输业者需要积极拓展现代物流服务以满足工商企业的要求。物流园区的出现为货运企业扩大业务范围提供了空间基础。而且,同类物流服务在空间上的集中有利于发挥规模经济与范围经济。

4.商品流通方式的现代化需要物流园区的建设与发展

连锁经营、大规模自选超级市场、电子商务的出现要求有现代化的物流系统与之相适应。商品流通场所通常位于城市中心区,受经营成本、土地价格及城市交通影响,其物流服务部分通常位于城市边缘,以满足大批量进货、小批量配送的要求。在新型商品流通场所发展到一定阶段后,要求有相应规模的物流服务群体的集中服务,这种要求极大地促进了物流园区的建设与发展。

1.2.3 我国物流园区的发展现状

我国物流园区的建设始于1999年深圳平湖物流基地,此后,其他城市尤其是沿海经济发达省份的大中城市纷纷进行物流园区规划工作,取得了一定的成果。

1.发展速度快、规划建设数量多,但都集中于沿海经济相对较发达地区

目前,各省、市、自治区几乎都已制定或正在研究制定现代物流发展规划或商贸流通业发展规划,在这些规划中提出在各省域范围内规划建设不同数量的物流园区,预计已规划的物流园区多达数百个,这从一个侧面说明了我国现代物流发展速度之快。

2.由于所依托的建设发展条件和主体功能不同,物流园区呈现多种类型

不同的区位条件产生的物流需求各不相同。物流需求、自然地理环境、交通基础设施条件、城市化水平以及资源禀赋是物流园区建设发展的制约因素。因此,各地在物流园区规划中依托自身的优势条件确定适合自己发展的物流园区,形成多种多样的类型。

3. 政府在物流园区的规划、建设与运营中发挥重要的主导作用

物流园区的开发和建设，目的在于建立良好的物流运作与管理环境，为工业、商业以及物流经营企业创造提高物流效率和降低物流成本的条件。由于现阶段我国许多地区经济发展水平尚难以支撑现代物流的发展，作为城市发展的重要组成部分，其公益性较为明显，收益率较低。因此，政府在规划中较积极，而企业多保持观望态度。事实上，园区建设自身不是为了赢利，是一种社会效益的体现，城市及政府的收益来自于整体经济规模的扩大和经济效率与效益的提高。因此，要求政府在物流园区规划、建设与运营的初期发挥重要的主导作用。

4. 物流园区的规划超前于经济与市场的需要

虽然我国的物流有了一定的发展，但从总体上而言尚处于起步发展阶段，整体发展水平较低。尽管物流园区的规划对区域经济的发展有许多促进作用，但是物流园区的建设也要结合实际需求。普遍认为，我国的物流园区规划超前于经济与市场需要，这在中西部地区更为明显。在物流园区的规划建设超前于经济与市场需要的情况下，不可避免地会出现一些重复建设的情况。据国家统计局统计，目前，我国城市物流园区建设存在着盲目追求投资速度而忽视效益的现象，造成空置率达 60%。

1.3 物流业调整和振兴规划

2009 年 3 月，国务院颁布了《物流业调整和振兴规划》，规划对国家物流产业的发展做出了宏观指导，结合规划中指出的物流行业发展现状、主要任务及重点工程，可以为物流行业信息化指明方向。

1.3.1 发展现状

进入 21 世纪以来，我国物流业总体规模快速增长，服务水平显著提高，发展的环境和条件不断改善，为进一步加快发展奠定了坚实基础。

1. 专业优势物流业规模快速增长

2008 年，全国社会物流总额达 89.9 万亿元，比 2000 年增长 4.2 倍，年均增长 23%；物流业实现增加值 2.0 万亿元，比 2000 年增长 1.9 倍，年均增长 14%。2008 年，物流业增加值占全部服务业增加值的比例为 16.5%，占 GDP 的比例为 6.6%。

2. 物流业发展水平显著提高

一些制造企业、商贸企业开始采用现代物流管理理念、方法和技术，实施流程再造和服务外包；传统运输、仓储、货代企业实行功能整合和服务延伸，加

快向现代物流企业转型;一批新型的物流企业迅速成长,形成了多种所有制、多种服务模式、多层次的物流企业群体。全社会物流总费用与 GDP 的比率,由 2000 年的 19.4%下降到 2008 年的 18.3%,物流费用成本呈下降趋势,促进了经济运行质量的提高。

3. 物流基础设施条件逐步完善

交通设施规模迅速扩大,为物流业发展提供了良好的设施条件。截至 2008 年底,全国铁路营业里程 8.0 万千米,高速公路通车里程 6.03 万千米,港口泊位 3.64 万个,其中沿海万吨级以上泊位 1 167 个,拥有民用机场 160 个。物流园区建设开始起步,仓储、配送设施现代化水平不断提高,一批区域性物流中心正在形成。物流技术设备加快更新换代,物流信息化建设有了突破性进展。

4. 物流业发展环境明显好转

国家"十一五"规划纲要明确提出"大力发展现代物流业",中央和地方政府相继建立了推进现代物流业发展的综合协调机制,出台了支持现代物流业发展的规划和政策。物流统计核算和标准化工作以及人才培养和技术创新等行业基础性工作取得明显成效。

但是,我国物流业的总体水平仍然偏低,还存在一些突出问题。一是全社会物流运行效率偏低,社会物流总费用与 GDP 的比率高出发达国家 1 倍左右;二是社会化物流需求不足和专业化物流供给能力不足的问题同时存在,"大而全""小而全"的企业物流运作模式还相当普遍;三是物流基础设施能力不足,尚未建立布局合理、衔接顺畅、能力充分、高效便捷的综合交通运输体系,物流园区、物流技术装备等能力有待加强;四是地方封锁和行业垄断对资源整合和一体化运作形成障碍,物流市场还不够规范;五是物流技术、人才培养和物流标准还不能完全满足需要,物流服务的组织化和集约化程度不高。

2008 年下半年以来,随着国际金融危机对我国实体经济的影响逐步加深,物流业作为重要的服务产业也受到了严重冲击。物流市场需求急剧萎缩,运输和仓储等收费价格及利润大幅度下跌,一大批中小物流企业经营出现困难,提供运输、仓储等单一服务的传统物流企业受到严重冲击。整体来看,国际金融危机不但造成物流产业自身发展的剧烈波动,而且对其他产业的物流服务供给也产生了不利影响。

1.3.2　主要任务

1. 积极扩大物流市场需求

进一步推广现代物流管理,努力扩大物流市场需求。运用供应链管理与现代物流理念、技术与方法,实施采购、生产、销售和物品回收物流的一体化运作。鼓励生产企业改造物流流程,提高对市场的响应速度,降低库存,加速周转。合理布局城乡商业设施,完善流通网络,积极发展连锁经营、物流配送和电子商务等现代流通方式,促进流通企业的现代化。在农村广泛应用现代物流管理技术,发展农产品从产地到销地的直销和配送以及农资和农村日用消费品的统一配送。

2.大力推进物流服务的社会化和专业化

鼓励生产和商贸企业按照分工协作的原则,剥离或外包物流功能,整合物流资源,促进企业内部物流社会化。推动物流企业与生产、商贸企业互动发展,促进供应链各环节有机结合。鼓励现有运输、仓储、货代、联运、快递企业的功能整合和服务延伸,加快向现代物流企业转型。积极发展多式联运、集装箱、特种货物、厢式货车运输以及重点物资的散装运输等现代运输方式,加强各种运输方式运输企业的相互协调,建立高效、安全、低成本的运输系统。加强运输与物流服务的融合,为物流一体化运作与管理提供条件。鼓励邮政企业深化改革,做大做强快递物流业务。大力发展第三方物流,提高企业的竞争力。

3.加强物流基础设施建设的衔接与协调

按照全国货物的主要流向及物流发展的需要,依据《综合交通网中长期发展规划》《中长期铁路网规划》《国家高速公路网规划》《全国沿海港口布局规划》《全国内河航道与港口布局规划》及《全国民用机场布局规划》,加强交通运输设施建设,完善综合运输网络布局,促进各种运输方式的衔接和配套,提高资源使用效率和物流运行效率。发展多式联运,加强集疏运体系建设,使铁路、港口码头、机场及公路实现"无缝对接",着力提高物流设施的系统性、兼容性。充分发挥市场机制的作用,整合现有运输、仓储等物流基础设施,加快盘活存量资产,通过资源的整合、功能的拓展和服务的提升,满足物流组织与管理服务的需要。加强新建铁路、港口、公路和机场转运设施的统一规划和建设,合理布局物流园区,完善中转联运设施,防止产生新的分割和不衔接。加强仓储设施建设,在大中城市周边和制造业基地附近合理规划、改造和建设一批现代化的配送中心。

4.提高物流信息化水平

积极推进企业物流管理信息化,促进信息技术的广泛应用。尽快制定物流信息技术标准和信息资源标准,建立物流信息采集、处理和服务的交换共享机制。加快行业物流公共信息平台建设,建立全国性公路运输信息网络和航空货运公共信息系统以及其他运输与服务方式的信息网络。推动区域物流信息平台建设,鼓励城市间物流平台的信息共享。加快构建商务、金融、税务、海关、邮政、检验检疫、交通运输、铁路运输、航空运输和工商管理等政府部门的物流管理与服务公共信息平台，扶持一批物流信息服务企业成长。

5.加强物流新技术的开发和应用

大力推广集装技术和单元化装载技术，推行托盘化单元装载运输方式，大力发展大吨位厢式货车和甩挂运输组织方式，推广网络化运输。完善并推广物品编码体系，广泛应用条形码、智能标签、无线射频识别（RFID）等自动识别、标识技术以及电子数据交换（EDI）技术，发展可视化技术、货物跟踪技术和货物快速分拣技术，加大对RFID和移动物流信息服务技术、标准的研发和应用的投入。积极开发和利用全球定位系统（GNSS）、地理信息系统（GIS）、道路交通信息通信系统（VICS）、不停车自动交费系统（ETC）、智能交通系统（ITS）等运输领域新技术，加强物流信息系统安全体系研究。加强物流技术装备的研发与生产，鼓励企业采用仓储运输、装卸搬运、分拣包装、条码印刷等专用物流技术装备。

1.3.3　重点工程

1.物流园区工程

在重要物流节点城市、制造业基地和综合交通枢纽，在土地利用总体规划、城市总体规划确定的城镇建设用地范围内，按照符合城市发展规划、城乡规划的要求，充分利用已有运输场站、仓储基地等基础设施，统筹规划建设一批以布局集中、用地节约、产业集聚、功能集成、经营集约为特征的物流园区，完善专业化物流组织服务，实现长途运输与短途运输的合理衔接，优化城市配送，提高物流运作的规模效益，节约土地占用，缓解城市交通压力。物流园区建设要严格按规划进行，充分发挥铁路运输优势，综合利用已有、规划和在建的物流基础设施，完善配套设施，防止盲目投资和重复建设。

2.城市配送工程

鼓励企业应用现代物流管理技术，适应电子商务和连锁经营发展的需要，在大中城市发展面向流通企业和消费者的社会化共同配送，促进流通的现代化，扩大居民消费。加快建设城市物流配送项目，鼓励专业运输企业开展城市配送，提高城市配送的专业化水平，解决城市快递、配送车辆进城通行、停靠和装卸作业问题，完善城市物流配送网络。

3.物流标准和技术推广工程

加快对现有仓储、转运设施和运输工具的标准化改造，鼓励企业采用标准化的物流设施和设备，实现物流设施、设备的标准化。推广实施托盘系列国家标准，鼓励企业采用标准化托盘，支持专业化企业在全国建设托盘共用系统，开展托盘的租赁回收业务，实现托盘标准化、社会化运作。鼓励企业采用集装单元、射频识别、货物跟踪、自动分拣、立体仓库、配送中心信息系统、冷链等物流新技术，提高物流运作管理水平。实施物流标准化服务示范工程，选择大型物流企业、物流园区开展物流标准化试点工作并逐步推广。

4. 物流公共信息平台工程

加快建设有利于信息资源共享的行业和区域物流公共信息平台项目，重点建设电子口岸、综合运输信息平台、物流资源交易平台和大宗商品交易平台。鼓励企业开展信息发布和信息系统外包等服务业务，建设面向中小企业的物流信息服务平台。

5. 物流科技攻关工程

加强物流新技术的自主研发，重点支持货物跟踪定位、智能交通、物流管理软件、移动物流信息服务等关键技术攻关，提高物流技术的自主创新能力。适应物流业与互联网融合发展的趋势，启动物联网的前瞻性研究工作。加快先进物流设备的研制，提高物流装备的现代化水平。

1.4 现代物流发展新趋势

物流电子商务是物流产业本身应用电子化的手段，实现物流商务运作的过程，物流的电子商务化包含了物流的运输、仓储、配送等各业务流程中组织方式、交易方式、服务方式的电子化，通过对物流业务实现电子化，可以改革现行物流体系的组织结构，通过规范、有序的电子化物流程序，可以使物流进入一个充分利用现有资源，降低物流成本，提高物流运行效率的良性轨道，可以把这一以电子化为主要特征的物流系统称为电子物流。电子物流的实质是，电子物流中信息交流不仅是现实物流的信息反应，更主要的是通过信息的分析、判断进行决策，并控制现实物流运行的物流电子化指挥系统。无疑，电子物流充分运用了以信息技术为代表的现代科技手段，适应了现代社会对物流速度、安全、可靠、低费用的需求，是未来现代物流的主要发展方向。

我国物流的发展现状是：物流的各个环节如运输、仓储、配送成本很低，包括我国的劳动力成本、物流资源成本、设备成本等都远远低于发达国家，但是将整个物流过程综合起来，却大大超过了发达国家，同时，我国的物流服务能力包括运力大于运量，仓储能力闲置，这些都意味着我国在物流的供应链过程发生了巨大的隐形成本，这些隐形成本构成了物流成本的虚增泡沫。加快发展现代物流，就是要利用现代物流的组织、管理方式，挤掉这些泡沫，从而实现物流快速、安全、可靠、低成本的运行。

电子物流的提出和产生，是信息技术和电子商务飞速发展的情况下，现代物流发展的最新成果，这是因为物流业在向现代物流发展中，由于物流业是一个涉及环节多、牵扯范围广、业务分散的服务领域，物流服务企业所提供的服务对象和范围都有其局限性，而大量的物流需求者却难以找到物流服务方。其根本原因在于现行的物流组织方式造成的（因为物流服务市场所面对的是跨行业、跨地区、众多的供需方，数量庞大，随时发生物流商务活动），怎么样才能让物流供需双方方便、快捷地达成物流服务，物流的电子化、网络化、自动化就是必然的选择，电子物流的目的就是通过物流组织、交易、服务、管理方式的电子化，使物流商务活动能够方便、快捷地进行，实现物流的快速、安全、可靠、低费用的目的。

目前以物流电子化为特征的现代物流发展主要有两种类型：

一是定位在电子物流信息市场以因特网为媒体建立的新型信息系统，它将企业或货主要运输的物流信息及运输公司可调动的车辆信息上网确认后，双方签订运输合同。即货主将要运输的货物的种类、数量及目的地等上网，运输公司将其现有车辆的位置及可承接运输任务的车辆信息通过互联网提供给货主，依据这些信息，双方签订运输合同。从功能上来看，主要有三个，即信息查询、发布、竞标，附属功能有行业信息、货物保险、物流跟踪、路况信息、GPS等。

国外物流业的重要性越来越被人们所认识，各国都在为发展物流业投入更多的技术力量。日本构筑电子物流信息市场，日本的三大综合商事住友、三井和三菱，2001年正式就共同合作构筑电子物流信息市场达成了合作协议。这一系统的构想思路是将网上的商品电子贸易与物流运输两大项业务同时在互联网上完成，日本凭借本国的先进电子信息技术，捷足先登构筑电子物流信息市场，将对国际物流业产生重大影响，从而在日本国内构筑起第一座最大的电子物流信息市场，以求在日本国内的物流业中发挥主导作用，使日本的物流业电子信息化走在世界前列。美国国家运输交易场（NET）是一个电子化的运输市场，它利用Internet技术，为货主、第三方物流（APL）公司、运输商提供一个可委托交易的网络。

二是定位在为专业物流企业提供供应链管理的电子物流系统，它的特点是利用电子化的手段，尤其是利用互联网技术来完成物流全过程的协调、控制和管理，实现从网络前端到最终客户端的所有中间过程服务，最显著的特点是各种软件技术与物流服务的融合应用。它能够实现系统之间、企业之间以及资金流、物流、信息流之间的无缝链接，而且这种链接同时还具备预见功能，可以在上下游企业间提供一种透明的可见性功能，帮助企业最大限度地控制和管理库存。同时，由于全面应用了客户关系管理、商业智能、计算机电话集成、地理信息系统、全球定位系统、Internet、无线互联技术等先进的信息技术手段，以及配送优化调度、动态监控、智能交通、仓储优化配置等物流管理技术和物流模式，电子物流提供了一套先进的、集成化的物流管理系统，从而为企业建立敏捷的供应链系统提供了强大的技术支持。可以想象,每小时处理数万件来自数百个供应商和流向数百个零售商货物信息的基础,是供应链各方之间必须建立电子化的沟通手段。回顾过去近 30 年历史,国外企业在供应链效率改进方面不断产生新的概念和应用都只有一个根本目的,即通过改善供应链伙伴之间的协作,降低总体库存,缩短产品交付周期。

目前国际上许多著名的专业物流企业都不同程度地应用了这类电子物流系统,如美国联邦快递(UPS)。电子物流服务提供商应根据客户规模的大小提供不同的个性化解决方案,这种方式将有利于服务的多样性以及加强市场的伸缩性。例如,FedEx 公司于 2000 年 7 月开展了为中小企业客户提供网站建设解决方案的业务,这些网上商店由 FedEx 进行管理,同时这种前端服务同 FedEx 的后端服务相连接,提供集成的电子物流服务。

电子物流服务提供商注重同其他单一物流服务提供商、IT 技术提供商建立业务战略合作伙伴关系,德国 SAP 公司已有 12 年开发电子物流软件的技术和经验,其 SAP 软件已在全球 100 多个国家与地区的 13 000 多家企业安装了 30 000 多套。软件是在总结和综合不少用户的成功经验和要求的基础上设计出来的。

以提供物流电子化信息服务而在我国物流领域声名鹊起的快步公司(Egistics),推出的电子化物流平台通过安全有效的信息交换,实现整个供应链全过程,包括制造商、分销商、第三方物流提供商、零售商和电子零售店在内的各环节参与者之间的无缝隙的物流业务流程的整合;该平台是基于在美国开发的领先的企业到企业的中间软件,是为适应我国有不同需求的物流业用户特别定制的专业平台。同时推出的电子化物流解决方案是以物流信息平台为核心,针对产品销售渠道的动态变化、新兴电子商务的发展和供应链的优化提供的完整解决方案。该方案不但支持传统的业务模式,而且也支持新的业务模式和交易方式。此外,快步公司还为中小企业量身定制了基于因特网的物流管理应用软件。快步公司是宝供的信息技术合作伙伴。快步与宝供的合作案例被 IT 著名企业评为亚太地区 B2B 电子商务最佳案例。

截至目前,关于利用现代信息技术对物流进行电子化、网络化、自动化的理论和实践,都表明物流电子化理念依然处在不断地发展和变化之中,电子物流是物流电子化最新出现的名词,目前对电子物流的定义大多还停留在物流电子化的含义之中,其中最具代表性的是"电子化物流是指利用万维网技术作为关键工具对整个物流管理过程或是其中的某些环节进行管理"(BEARSTEARNS)。快步公司的翟学魂说,电子物流就是支持电子商务的物流和物流的电子化,由此可见,从物流电子化演变到电子物流增加了新的内涵,就是支持电子商务的物流。众所周知,电子商务活动包含了物流、信息流和资金流。由于近年来电子商务的迅速兴起，作为有形商品商务活动基础的物流，不仅已成为电子商务的障碍，而且也是电子商务能否顺利进行和发展的关键因素，如何建立一个高效率、低成本运行的物流体系来保证电子商务的通畅发展，已成为人们关注的焦点，所以人们把物流的电子化与电子商务物流进行融合成为必然，这就是当前电子物流新增内涵的核心内容。

在书中所提出的电子物流理论是：电子物流就是物流电子商务。物流电子商务就是物流服务商务活动的电子化、网络化和自动化，电子物流是信息流、资金流和物流服务三者的统一，电子物流所实现的是物流组织方式、交易方式、管理方式、服务方式的电子化。物流电子商务和上面论述的支持电子商务的物流是完全不同的概念，物流电子商务是物流服务商务活动的电子化、网络化和自动化。电子物流是信息流、资金流和物流服务三者的统一，电子物流所实现的是物流组织方式、交易方式、管理方式、服务方式的电子化。

应该说此电子物流非彼电子物流，之所以沿用“电子物流”这个词主要参照了与“电子商务”的沿袭，同时物流电子商务也包含了原物流电子化的主要内容。从物流活动来看，物流服务过程本身就是一个商务活动，也包括商务活动的洽谈、签约、支付、履行、结算的各个过程，这些商务过程也可以进行电子化，这一过程的电子化也包含了信息流、资金流、物流服务流（与电子商务不同的是物流电子商务交易的标的是物流服务而不是商品，所以不是物流而是物流服务流），即物流服务商务活动的电子化——物流电子商务。从目前电子物流两种运营模式来看，定位在电子物流信息市场的物流企业，包括我国近两年来涌现出一批物流信息类的电子商务网站：金干线、华夏交通在线、56NET等，大多已能实现货运信息供需双方的信息交流，包括车辆、货物的信息发布以及查询，也可以进行竞标、请求配载等交易的初级行为，可以说现在的货运信息网站更类似于进行牵线搭桥的中介型信息部，将众多的车辆、货物供求信息汇集起来，供求双方通过查询信息找到自己匹配的信息，然后再通过中介者与信息发布者沟通、洽谈，最后达成交易，应该说这种交易方式不能体现电子商务所追求的方便、快捷、低成本优势。

在上述物流信息企业的定位中，主要看到了我国道路运输中实载率不高，从而确定以提高实载率、减少空驶、畅通信息、打破垄断为出发点，表面上看这些问题是信息不畅造成的，可实际上是由传统的货运组织方式造成的，仅靠信息沟通是不能根本解决问题的。而定位专业物流企业提供供应链管理的电子物流企业，是提供综合物流服务的专业物流企业，最具代表性的是第三方物流（3PL）。当前我国的第三方物流还处于起步阶段，由于第三方物流定位于企业供应链环节，供应链管理在我国企业应用程度较低，所以第三方物流在我国普及还有待时日，同时，第三方物流所服务的企业选择性极强，据分析统计，第三方物流在与生活消费品相关的市场(汽车、化学、计算机、日用品、医药品、食品)行业的应用率较高,而在其他行业的应用较低。从物流业市场规模分析,第三方物流(3PL)在西方发达国家物流市场中所占的比例为5%~15%,如美国物流市场规模为4 600亿美元,其中3PL的市场规模约为200亿美元。因此,第三方物流在我国不应盲目发展、一哄而上,更不能将发展现代物流等同于第三方物流。所以把定位在充分利用现有物流作业能力,实现物流组织方式、服务方式的变革,形成方便、即时、低费用、安全的物流体系看作是发展现代物流的核心——电子物流。

以电子物流信息市场的物流企业来看,当前物流信息网站所处理的信息是传统物流组织方式所产生的冗余信息,对这些信息进行加工处理,类似于废物再利用,其价值可想而知,而电子物流所处理的信息都是经过电子交易后的数据,没有成交的信息为无效信息,直接从数据库中删除,不对其进行处理。所以电子物流的信息是物流服务过程的真实反映。为了说明这两种数据信息的关系,可以作下列比喻,电子物流系统就如同铁路旅客组织系统,旅客购票过程可以看成是信息交易过程,如果成交信息进入信息指挥系统进行处理,为旅客提供运输服务,如席位已满则不能成交,旅客发出的信息即刻失效,铁路的这种旅客组织方式就不会产生信息冗余,由此可见信息冗余的产生是组织方式不畅造成的。

以提供供应链管理的电子物流企业来看,第三方物流(3PL)侧重于物流服务过程的电子化,即物流全过程的协调、控制和管理,实现从网络前端到最终客户端的所有中间过程服务,最显著的特点是各种软件技术与物流服务的融合应用。而对物流服务的商务过程没有涉及。而电子物流系统就是定位于这一领域的现代物流系统,电子物流是指物流应用电子化手段,实现物流商务运作的过程,包含了物流的运输、仓储、配送等各业务流程中组织方式、交易方式、服务方式的电子化,通过对物流业务实现电子化,可以改革现行物流体系的组织结构,通过规范、有序的电子化物流程序,可以使物流进入一个充分利用现有资源,降低物流成本,提高物流运行效率的良性轨道。电子物流的实质是,电子物流中信息交换不仅是现实物流的信息反应,更主要的是通过信息的分析,判断进行决策,并控制现实物流运行的物流电子化指挥系统。

1.5 物流园区信息系统平台建设

物流园区是多个物流实体在空间上集中布局的场所,是具有一定规模的综合物流服务与管理设施的集结点。从现代物流的发展趋势看,物流园区实物空间的占位作用在逐步退化,而信息服务和信息管理作用在逐步强化,现代物流逐渐趋向信息化、自动化、智能化。以网络为平台、供应链为主体、电子商务为手段,构筑商流、信息流、资金流为一体的现代物流园区正在成为物流园区建设规划的重要内容。

1.5.1　物流园区信息系统平台建设的目标定位

物流园区信息系统建设的目的在于以最短的流程、最快的速度、最少的费用传输高质量的信息。其目标定位:一是整合物流信息、资源,完成各系统之间的数据交换,实现信息共享及协作;二是加强物流企业与上下游企业之间的合作,形成并优化供应链;三是通过信息平台的建设,提供在线交易,实现电子商务。其具体目标为:①建立良好的通信基础设施,为政府相关部门之间、企业之间以及政府与企业之间数据交换提供基础设施;②引导相关物流企业的信息建设,接入共用信息平台系统;③完善行业管理部门相关物流信息系统的建设,建立完善的数据采集系统,提供行业管理的信息支撑手段,提高行业管理水平;④提高运输、保管、搬运、包装、流通、加工等作业效率,使这些作业环节更省力、更合理;⑤使用户订货适时、准确,尽可能不使用户所需的订货断档⑥保证订货、出货、配送信息畅通无阻;⑦使物流成本降到最低。

1.5.2　物流园区信息系统平台框架体系构建

物流信息系统平台规划的关键是构建信息平台的体系框架,并对其进行技术分解,确定各系统之间的衔接要求,明确信息组织方案等。根据信息属性和可实现的技术方法,物流信息平台由共用信息平台、基础信息平台和作业信息平台等 3 部分组成,其中共用信息平台是中心。从服务性质上来看,共用信息平台是广义的,基础信息平台是局部的(园区内物流企业),作业信息平台是针对某一具体物流企业的;共用信息平台服务于基础信息平台和作业信息平台,而基础信息平台和作业信息平台的企业相关数据信息又服务于共用信息平台,三者是一个有机的整体。

1.共用信息平台

物流共用信息平台以其跨行业、跨地域、多学科交叉、技术密集、多方参与、系统扩展性强、开放性好等特点对现代物流的发展构成了有力支撑。其作用是:保证货物运送的准时性;货物与车辆跟踪,提高交货的可靠性;提高对用户需求的响应性;提高政府行业管理部门工作的协同性;提高资源配置的合理性。企业直接使用公共物流信息平台,可以利用其庞大的资料库以及开放性的商务功能,实现企业自身的信息交流、发布、业务交易、决策支持等的信息化管理,是物流企业信息化的捷径。

共用信息平台由各基础功能系统组成,通过基础功能系统实现与交通、运输等管理部门信息分系统，与港口、铁路、机场及其他物流园区等物流枢纽信息系统，与银行、保险等服务机构信息系统等，建立信息沟通渠道，构成共用信息平台系统。共用信息平台的主要功能是通过基础功能系统为参与者各方提供一种信息沟通的技术手段，建立一套完整的共用数据采集、分析、处理系统，支持物流企业及政府相关部门对共用信息平台的需求，对不同用户的需求提供相应层次上的信息等。物流共用信息平台是一个面向物流行业、各个企业的综合性特大物流电子商务社区，它提出面向企业和用户服务的虚拟电子交易市场和管理咨询的经营理念，以各行业的供应链交易和咨询管理为中心，涵盖各行业的制造、商贸、服务成员，既为企业提供行业信息、交易平台，又为各会员企业提供物流服务信息，实现在线交易等。

2.基础信息平台

通过园内物流企业的接入和园区获取的物流需求信息的抽取，构成物流基础信息平台。物流基础信息平台为园内物流企业的接入提供技术支持，向相应数据库抽取服务于物流企业的相关信息提供技术支持，并提供信息共享功能；抽取园内物流企业的信息流、物流和资金流，为政府的物流决策提供技术支持。

物流基础信息平台是对园内物流企业进行行业管理和信息服务的平台，通过物流企业的接入，实现园内物流企业的统一管理和服务物流园区（或相应机构）内的信息搜集、处理、储存，再通过基础信息平台向园内物流企业提供信息服务，园内物流企业通过基础信息平台达到信息共享的目的。

3.作业信息平台

物流作业信息平台主要是向园内物流企业提供一个完整的生产作业平台，以满足物流企业完成生产过程的各项功能需求。设置物流作业信息平台的目的是为了满足不自建信息网络系统的物流企业的需求，以减少重复建设，提高中心信息网络系统资源的利用率，降低物流成本。具体被租用的物流作业信息平台以虚拟网的形式寄存于物流园区中心信息网络系统，成为共享中心信息网络系统资源。企业租用作业信息平台时，不承担“共享协议”之外的任何责任和义务，与有独立信息网络系统的企业具有同等的待遇，企业的生产经营、日常管理及相应数据信息的保存，以完全独立的形式存在于物流园区的中心信息网络系统。作业信息平台由多个分系统组成，其主要的分系统有：仓储管理信息系统，运输管理信息系统，配送管理信息系统，货贷管理信息系统，条形码数据采集管理系统，射频数据采集管理系统，客户管理信息系统，合同管理信息系统，决策支持信息系统，统计管理信息系统，结算管理信息系统，行政管理信息系统。

近年来，我国现代物流业的发展，不仅降低了物流成本，而且大大促进了产业和企业开拓国内外市场的进程。在巨大的社会效益和经济效益的驱动下，各地纷纷兴建物流园区。这就运用到了现代物流管理技术，而现代物流管理是为了降低生产成本、减少经营风险，将供应商、生产商、销售商、消费者之间的实物流，按照其流动的规模、方向、时间特征，提供相应的运输、仓储、包装、搬运、配送、报关、信息等全程化、全方位服务与管理。信息、商贸、运输是现代物流管理的3大主要要素，其中信息是基础，商贸是载体，运输是保证。而物流园区则是由多家现代物流企业在空间上集中布局的场所，提供一定品类、一定规模、较高专业水平的综合物流服务集结点。与工业园区、科技园区等一样，物流园区应具有产业一致性或相关性，且具有集中连片的物流用地空间。现代物流园区在进行发展战略规划时，不仅注重用地的形态和功能组织，物流园区的信息化建设规划已经成为重要的组成部分，是物流园区整体核心竞争优势的基本保证。物流园区电子商务平台建设，将运用先进的技术和管理手段，整合物流园区各类信息资源，使物流系统发挥最大的整体效益。

1.5.3　物流园区电子商务平台规划

1. 物流园区电子商务平台规划的意义

(1)整合物流信息资源。物流园区电子商务平台最重要的作用就是能整合各物流信息系统的信息资源，完成各系统之间的数据交换，实现信息共享。

(2)整合社会物流资源。通过物流园区电子商务平台，可以加强物流企业与上下游企业之间的合作，形成并优化供应链。这有利于提高社会大量闲置物流资源的利用率，起到调配社会物流资源、优化社会供应链、理顺经济链的重要作用。

(3)推动电子商务的发展。物流园区电子商务平台的建设，有利于实现与电子商务B2B或B2C系统的对接。

(4)提高政府在线协同服务能力。采用物流园区电子商务平台，融入电子政务功能，完成在线政务服务，包括在线审批、企业信用管理等服务，实现一站式政务协同服务。

2. 物流园区电子商务平台规划指导思路和目标

(1)作为物流园区的电子商务平台是指平台首先服务于物流园区自身的物流业务与应用需求，满足从办公自动化、仓储管理、运输管理到财务结算管理等一系列信息系统要求。

(2)构建物流园区电子商务平台，适应产业进步和提供多样化物流服务的要求，这种要求首先反映在提供准时化物流和降低物流成本方面。

(3)通过信息技术对物流系统资源整合提供支撑，沟通企业群体之间及政府管理部门之间的信息联系，促进协同工作及协同经营机制的建立。

(4)通过信息手段,强化政府对市场的宏观管理与调控能力,支持物流市场规范化管理;同时,为物流业的行业管理、发展与规划提供信息化的决策支持手段。

(5)物流园区电子商务平台将承担起为区域经济服务的社会化物流公共信息平台的作用。

3. 物流园区电子商务平台体系结构

基于 J2EE 的物流园区电子商务平台的体系结构是:以 J2EE 平台为基础进行研究与开发。在 J2EE 平台上,提取 ebXML 和 cnXML 中与物流园区相关联的商业流程和数据协议,实现物流数据与 ebXML 和 cnXML 格式数据之间的相互转换。

基于 J2EE 平台的公共物流信息系统的主要实现步骤如下:

(1)利用 J2EE 所提供的应用程序接口(API),建立公用基础设施(PKI)系统,以保证协同平台上的各个应用部分的顺利可靠的运转。

(2)采用 EJB 中间件,封装物流数据与 XML 格式数据之间的相互转换。

(3)构造园区物流数据 Web Service 接口,应用 JSP 等技术建立园区电子商务平台、电子政务平台和园区作业平台,身份确认等安全性由 PKI/CA 保证。

(4)对园区物流环节的专业物流信息系统进行开发或升级改造,提供 Web Service 接口。

(5)将专业物流信息系统以应用服务提供商(ASP)模式在电子商务平台中提供。

4. 物流园区电子商务平台服务结构

电子商务平台的建设是一个复杂的系统工程,不能简单地以信息系统的建设来替代物流公共信息平台建设的全部内容。电子商务平台的建设,不仅仅包括相关的网络、硬件和软件,同时包括由此带来的企业管理和运营模式的转变、物流信息平台系列标准的制定,以及由其他各种法律、法规、管理办法和规范性文件等构成的保障体系。

技术上,采取全程物流的概念,中小企业通过租用第四方物流服务提供商的服务达到管理自身公司电子商务平台的目的。

全程物流电子商务平台的目标是将整个价值链上的所有环节的市场、分销网络、制造过程和采购活动联系起来,以实现顾客服务的高水平与低成本,以赢得整体竞争优势。全程物流电子商务平台扩大了原有物流信息系统,充分考虑整个物流中的信息流动过程及影响此过程的各种环境因素,将现代物流中的商贸、运输、信息完美结合,使得物流系统发挥了最大的整体效益。

第2章 物流园区信息化解决方案

2.1 物流信息化需求

2008年，全国社会物流总额达89.9万亿元，比2000年增长4.2倍，年均增长23%；物流业实现增加值2.0万亿元，比2000年增长1.9倍，年均增长14%。2008年，物流业增加值占全部服务业增加值的比例为16.5%，占GDP的比例为6.6%。

2008年上半年，江苏省社会物流总额达到44 207.89亿元，同比增长22.3%。全省社会物流总费用为2 328.7亿元，同比增长18.5%。社会物流总费用与GDP的比率为16.35%，同比下降了0.38%。2008年上半年江苏省物流业实现增加值834.86亿元，同比增长15.4%。

可见物流综合信息服务平台具有广阔的市场前景。当前我国的物流行业进入快速发展期，最近对物流信息化的一次调研表明：目前我国已有部分物流企业已经采用了包括通信网络、条码、RFID、GPS、物流信息化系统、物流管理软件等先进的信息技术来改进企业管理，提升企业的运营效率，但全面采用物流信息化的企业只占到行业总数的39%左右，使用统一综合服务平台从事物流一体化管理的比例还不到20%，大部分企业仍采用原始的人工操作等传统方式，物流信息化的整体水平很难满足企业高效运营和社会发展的要求，所以物流综合信息平台的市场需求量巨大。

目前江苏省社会物流总额同比增长约为22.3%，全省社会物流总费用同比增长18.5%。据江苏电信近几年物流行业业务收入测算，江苏物流信息化需求年增长率约20%。

2.2 客户群体

(1)物流园区；

(2)专业化物流中心；

(3)第三方物流企业；

(4)仓储企业。

经济全球化、跨国公司的快速扩张及互联网和IT技术的发展是现代物流业在20世纪末21世纪初快速发展的几个重要原因，中国物流业是在改革开放和跨国公司进入中国的背景下发展起来的。据不完全统计，中国已经实施或部分实施信息化的物流企业仅占39%，全面实施信息化的企业仅占10%。应该说物流信息化需求很大，因为需求巨大，所以国家在出台物流产业振兴规划中把物流信息化提到了很重要的位置。

截至2008年，江苏省共拥有大型物流园区近20个，专业化物流中心近100个，第三方物流企业及仓储企业200多家，相比20世纪末的规模，增长极为明显，与此同时，专业化的物流信息化服务需求不断增长，且势头极为迅速。一方面，物流综合信息服务平台主要为大规模物流行业客户提供全方位的综合信息服务；另一方面，由于各个子平台采用松耦合的方式组合，服务平台也能够满足中小规模物流行业客户的特定需求。

2.3 平台建设目标

打造集信息展现、电子商务、物流配载、仓储管理、金融质押、园区安保、海关保税等功能为一体的综合信息服务平台，为园区客户提供一站式的信息化服务。以现代信息技术为传统商品交易、仓储、配送、产品加工行业提供服务，以现代信息技术对传统商品交易、仓储、配送、产品加工行业进行管理，以现代信息技术推动传统商品交易、仓储、配送、产品加工行业的发展，努力将国内物流园区打造成为高标准、高品位的现代化、国际化物流园区。

2.4 平台组成

综合服务平台以统一的公共信息库为基础，建设涵盖物流行业应用的多个子平台，其中项目一期建设（“一库四平台”）包括公共综合信息库、综合信息门户平台、电子商务交易平台、物流运载调度平台、仓储库房管理平台，平台架构如图2.1所示。

2.4.1 公共综合信息库

作为整个信息服务平台的数据中心，公共综合信息库是信息平台建设的基础。建立统一的信息库，可以最大程度地提高客户数据的利用效率，实现数据共享、汇总、挖掘和分析，进而为统计分析及决策参考提供科学依据。

2.4.2 综合信息门户

通过对政府部门决策信息、商品交易行业信息、研究机构指导信息、物流园区管理信息等资源进行共享、集成及协同，为各类用户提供了访问多种信息资源的统一入口，园区员工、客户、合作伙伴及供应商可以通过该门户获得可定制的个性化信息服务。作为大宗商品交易行业综合信息的第一视角，门户旨在快速高效地传递管理层决策信息，为客户提供第一时间、全面准确的行业信息服务，协助客户优质快捷地完成各项业务。政府部门的决策信息指明了行业发展方向，大宗商品交易的行业信息展现了行业发展状况，研究机构的指导信息为行业发展提供了科学的指引。综合信息门户为各相关系统提供统一的单点登录功能，实现"一点登陆，园区通行"，通过政策法规、行业动态、即时行情、交易点评、客户服务等多个功能模块为外界提供完整的行业信息服务。综合信息门户以强大的信息管理服务为基础，力求让外界更全面地了解大宗商品交易的行业规范，更方便地利用园区资源进行各类商品交易，更迅速地实现"数据—信息—智能—洞察力"的转变，门户将为物流园区的跨越式发展提供坚实的信息基础，更将为大宗商品交易行业的飞跃式发展提供有力的信息支撑。

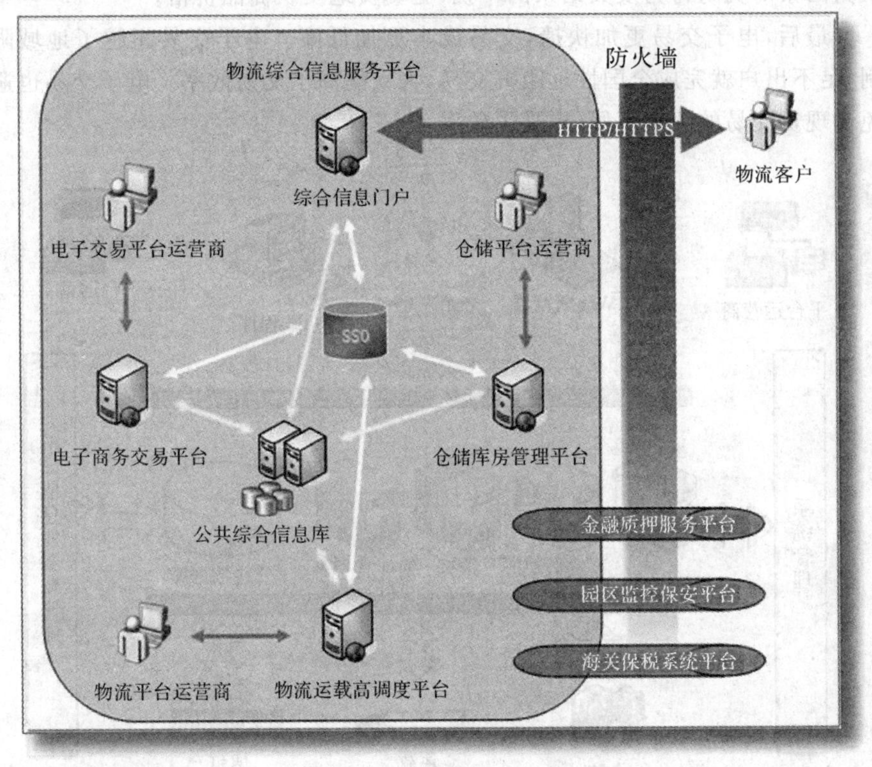

图2.1　综合信息服务平台架构

2.4.3 电子商务交易系统

电子交易作为一种新兴的交易模式，是对传统交易方式功能上的有效补充，同时也是对传统交易观念上的颠覆，如图 2.2 所示。和传统交易方式相比较，电子交易拥有诸多特点和优势。

首先，在传统交易过程中，卖方对于产品质量比买方拥有更多的信息，从而导致低质量产品驱逐高质量产品，导致市场上的产品质量持续下降。而电子交易可以消除这种信息的不对称性，因为在电子交易过程中，买方可以通过交易系统很容易地获取大量的卖方产品信息，从而进行多家产品的比较。同时，交易系统通过保证金机制对双方交易的合法权益，进一步消除信息不对称性带来的影响。

其次，电子交易的价格更加透明。电子化交易通过网上实现，买卖双方都可以很方便地比较同类商品的价格，同时也避免了传统交易过程中非市场的人为因素对交易行为及其结果的干扰，更真实地反映商品价格。

最后，电子交易更加快捷，交易成本更加低廉。电子交易超越了地域限制，足不出户就完成全国性远距离交易，大大提高了交易效率。电子交易也避免了现货交易的烦琐不便，提高了效率。

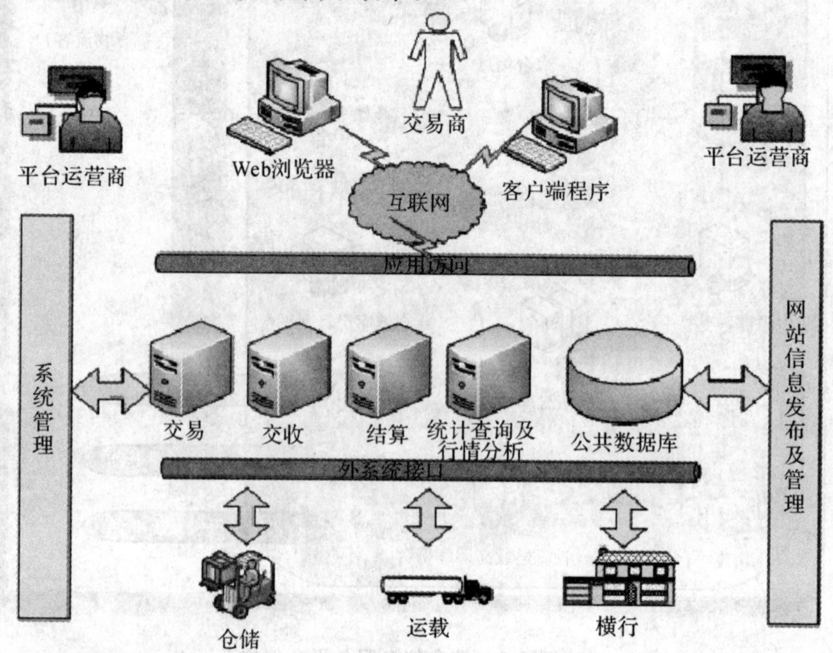

图 2.2　电子交易平台结构

电子交易充分体现了公开、公平、公正的原则：一是公开，所有交易均在网上明示，极大地提高了交易透明度，易于形成行业权威价格；二是公平，无论企业大小，大家在同一系统均按价格优先、时间优先顺序交易，没有任何歧视；三是公正，无论买方还是卖方，无论是规则还是动作，所有的基准只是一个公正。

电子交易平台为交易商提供快捷、便利、安全的电子交易服务。该系统主要包括交易、交收、结算、统计查询及行情分析四大功能。各功能模块可以根据用户的需求在物理上进行独立部署，以提高系统性能。从交易形式上来看，电子交易系统可以提供现货网上交易和远期现货交易两种方式。这两种交易方式都以电子合同取代传统合同，并用数字签名技术保证合同的有效性和合法性。从安全性上来看，本系统提供完整的用户认证、权限控制、行为审计等功能，所有的数据传输都是用 SSL 协议加密，加密算法可支持 128 位 AES，192 位 AES，256 位 AES、3DES、Twofish、Blowfish、RC4 等，充分保证了交易的安全性。

通过建造电子商务交易系统，吸引全国范围内的大宗商品交易商参与交易，一方面树立物流园区大宗商品交易中心的地位，另一方面也通过电子交易拉动仓储物流行业的发展。

2.4.4　物流运载调度系统

物流运载调度系统中心目标是把若干的配送任务以运输成本尽可能低(车辆最少、行驶里程短、所需运输时间最快)、服务质量尽可能高为目标，把配送订单分配给合适的可用的车辆，输出装货单、行驶路线指导、配送顺序单和货品分拣数据，力求配送任务与运力资源作完美优化的组合，建立较为理想的配载调度实施方案，如图 2.3 所示。

1. 系统功能亮点

(1)客户关系管理(CRM)：维护客户基本信息及业务相关信息，为客户分级、客户行为分析等决策提供依据。

(2)物流资源整合：支持对自身车辆、挂靠车辆及第三方物流公司的管理。

(3)订单驱动流程：以客户服务为核心，以客户托运单为主线。

(4)空载调度机制：支持对完成运输任务的车辆进行再调度，降低车辆空载率。

(5)智能(BI)配载调度：订单分拆、整合，高效算法优化运输资源与运输路线。

(6)在途反馈机制：支持车辆、货物在途监控，整合反馈信息以订单维度展现给客户。

(7)园区内部系统数据共享：基于综合信息公用系统设计，与电子商务交易、仓储库房管理等系统无缝对接。

(8)可与公安部系统接口：权威身份认证机制，提高安全保障等级。

(9)可与 GIS,GPS 接口：利用 GPS、无线网络通信技术对车辆的运行状况进行跟踪，实时掌握车辆的行驶状况。

(10)业务/运输统计分析功能：集成强大的数据提炼，透视与灵活分析的功能，帮助企业进行经营决策的得力工具。

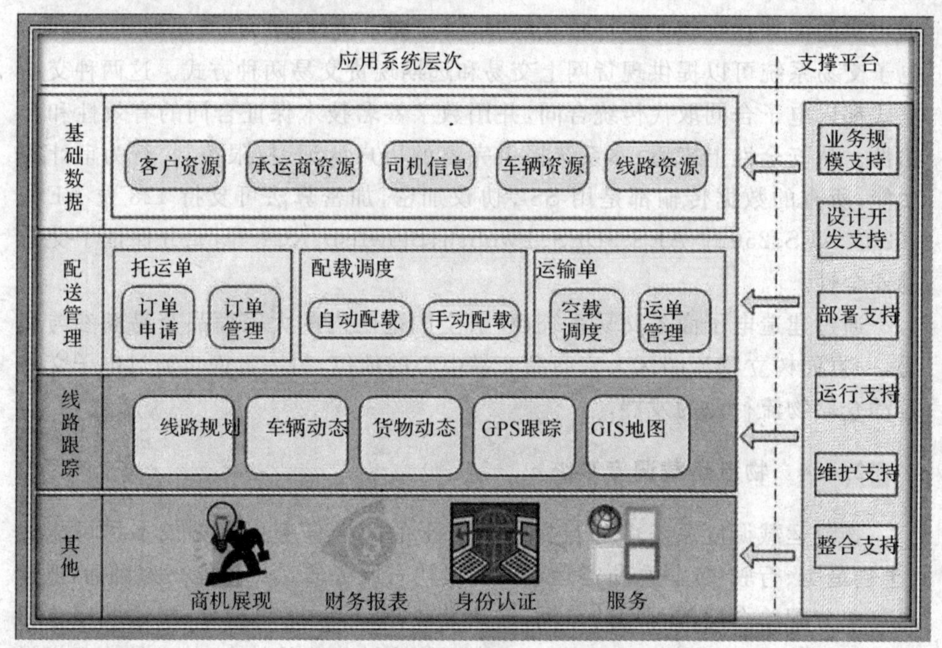

图 2.3　物流运载调度平台结构

2. 系统意义

物流运载调度系统(见图 2.4)以落实现代物流业定位、整合区域内物流资源、提高物流业竞争力和影响力为战略目标，高起点地构建开放式的现代物流信息化管理体系；不断完善物流市场发展软环境，吸取国际先进物流管理技术进行物流运载调度系统的搭建，面向现代物流需要，培育物流服务品牌和有国际竞争力的物流产业群；促进现代物流信息化系统体系向规范化、规模化方向发展。

系统以其跨行业、跨地域、多学科交叉、技术密集、多方参与、系统扩展性强、开放性好的特点对现代物流的发展构成了有力支撑。

3. 价值链融合

存在于企业、产业及其之外的整个价值创造系统，不仅是由单个增加价值的成员组成的链条，而且还是由虚拟企业构成的网络。价值链上的各个环节通过协议组成虚拟企业，共享资产，共用资源，共同产生价值，最终实现区域内物流产业结构优化，促进城市第三产业结构转型，使产业结构趋于合理化。

4. 资源整合

第三方物流企业最重要的战略任务，就是通过信息系统的方式重新组排虚拟企业中各个角色的位置和关系，使它们之间的适应程度不断加深。推动物流作业社会化、运输网络合理化，并进而提高整个区域经济大流通的质量与效益。

5. 行业标杆

通过专业物流业务管理系统的建设，指导运营商通过系统实现资源整合与合理调度配载，降低企业运营成本，提高企业资本运作水准，引导物流企业注重投资的有效性和必要性，支持物流信息化持续改进，支持物流战略的实现。建立行业标杆，打造物流行业信息化建设示范项目。

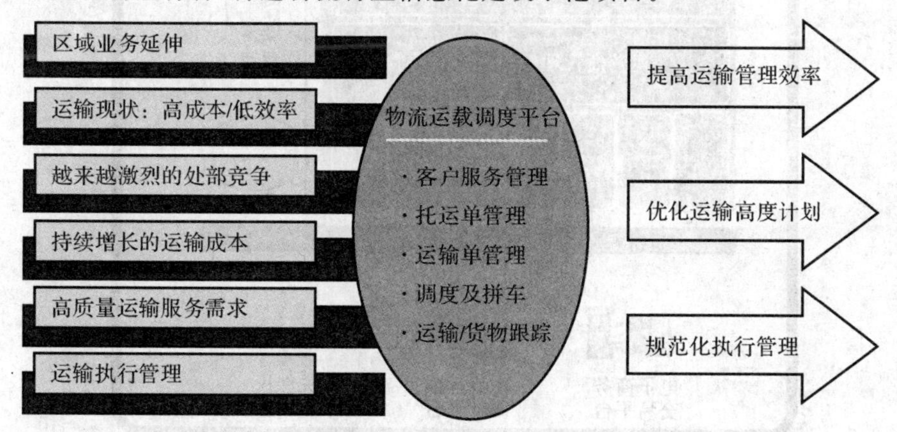

图 2.4 物流运载调度平台意义

2.4.5 仓储库房管理系统

仓储库房管理系统的核心是协助仓储机构对仓库及仓库内的物资进行管理，使其能够充分利用所具有的仓储资源提供高效的仓储服务。系统管理内容涵盖仓储资源的获得、仓储商务管理、仓储流程管理、仓储作业管理、保管管理、安全管理等多种管理工作及相关的操作，如图 2.5 所示。

针对物流园区的需求，系统在传统仓储管理（WMS）系统的基础上引入运营的概念，加入了支持多家仓储运营商的特性。

该系统支持多仓储运营商、灵活多样且适用不同场景的费用管理、自定义实时库存提醒、提供增值服务，同时为系统及其仓库提供了灵活业务的空间；支持仓库、库位动态管理；支持多维度统计报表分析，多格式文件导出；支持仓储物品标准化管理（这些实时的数据为仓库提供了决策的依据）；支持多元化的出入库管理模式；支持货物仓单电子化支持；完善的仓库日志管理，提高仓库安全等级；支持多种先进外设，如二维码标签、门禁设备等；支持开放式系统接口。

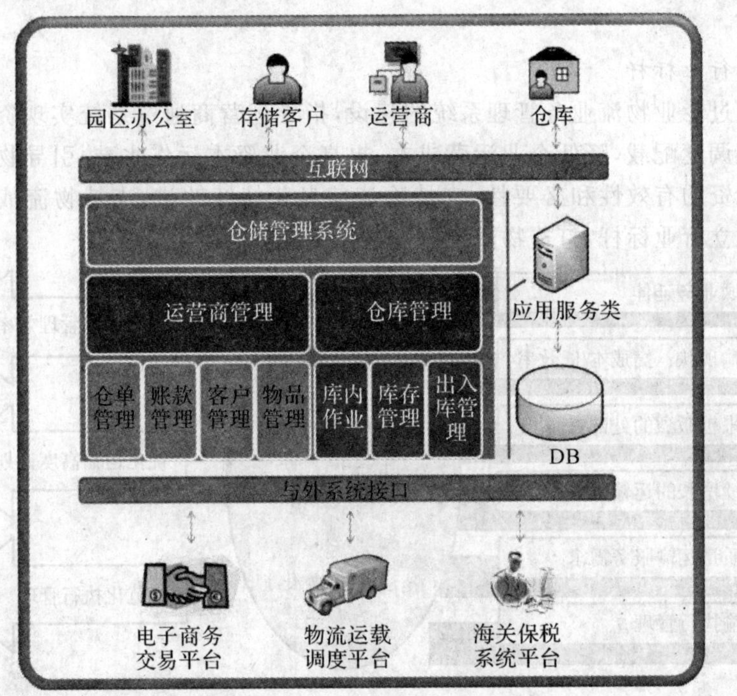

图 2.5　仓储库房管理平台结构

在仓库系统的内部，企业一般依赖于一个非自动化的、以纸张文件为基础的系统来记录、追踪进出的货物，以人为记忆实施仓库内部的管理。对于整个仓储区而言，人为因素的不确定性，就会导致劳动效率低下，人力资源严重浪费；同时随着货物数量的增加以及出入库频率的剧增，这种模式会严重影响正常的运行工作效率。

仓库管理在企业的整个供应链中起着至关重要的作用，如果不能保证正确的进货和库存控制及发货，将会导致管理费用的增加，服务质量难以得到保证，从而影响企业的竞争力。可见，传统简单、静态的仓库管理已无法保证企业各种资源的高效利用。

仓库库房管理系统采取国际先进仓储理论与管理模式，高起点地构建开放式的现代仓储信息化管理系统，协助运营商对仓储各环节实施全过程控制管理,对货物的货位、批次、配送等实现条形码标签序列号管理,对整个收货、发货、补货、集货、送货等各个环节进行规范化作业。

2.5　平台重点解决的问题

(1)为物流行业客户提供全面的信息服务,提高物流信息化水平。

(2)基于 EDI 技术的电子商务平台为物流资源及大宗商品的电子交易提供平台。

(3)采用 GPS、GPSOne、GIS 及无线视频技术实现货物跟踪,设计智能配载算法提高配载过程的质量和效率。

(4)将二维码、RFID 等自动识别、标识技术应用到物流系统,提高物流作业效率。

(5)拓展 3G 技术,开发基于手机终端的物流业务平台,实现“随时随地办理业务”。

第 3 章 电子商务交易部分

3.1 什么是电子商务

当今世界，电子商务已经成为一大热点。从传统的制造业，到服务业，到新兴的金融业，都把电子商务作为企业投资经营的一种新方式，纷纷投入巨资建立网站，在国际互联网上从事各类商业活动，在网上进行交易。从亚马逊到淘宝，从 MFC 到阿里巴巴，从企业直销网到高信用的专业的电子商城，从大宗钢铁交易中心到城市中的便民网，各种网络商务活动进行得如火如荼，并成为我们生活的重要一部分。企业布局商业战略，个人购物需求，电子商务已经成为他们考虑的重要方面。那么，从根本上讲，什么是电子商务？它有哪些特点？新兴的电子商务和传统的商务模式有何不同？两者是否可以共存共荣？

3.1.1 电子商务的定义

什么是电子商务？简单地讲，电子商务就是利用电子网络进行的商务活动。但电子商务的定义至今仍没有标准化的清晰的概念。政府、学者、企业界人士都根据自己所处的地位和对电子商务的参与程度，给出了多种不同表述的定义。了解和比较这些定义，对我们更全面多方位的了解电子商务有很大的帮助。

(1)1997 年 11 月 6 日至 7 日在法国首都巴黎，国际商会举行了世界电子商务会议，给出了关于电子商务最权威的概念阐述："电子商务(Electronic Commerce)，是指对整个贸易活动实现电子化。从涵盖范围方面可以定义为：交易各方以电子交易方式而不是通过当面交换或直接面谈方式进行的任何形式的商业交易；从技术方面可以定义为：电子商务是一种多技术的集合体，包括交换数据(如电子数据交换、电子邮件)、获得数据(共享数据库、电子公告牌)以及自动捕获数据(条形码)等。"

(2)欧洲议会对电子商务的定义："电子商务是通过电子方式进行的商务活动。它通过电子方式处理和传递数据，包括文本、声音和图像。它涉及许多方面的活动，包括货物电子贸易和服务、在线数据传递、电子资金划拨、电子证券交易、电子货运单证、商业拍卖、合作设计和工程、在线资料、公共产品获得。它包括了产品(如消费品、专门设备)和服务(如信息服务、金融和法律服务)、传统活动(如健身、体育)和新型活动(如虚拟购物、虚拟训练)”。

(3)权威学者的定义。美国学者瑞维·卡拉科塔和安德鲁·B·惠斯顿在他们的专著《电子商务的前沿》中提出:“广义地讲,电子商务是一种现代商业方法。这种方法通过改善产品和服务质量、提高服务传递速度,满足政府组织、厂商和消费者的降低成本的需求。这一概念也用于通过计算机网络寻找信息以支持决策。一般地讲,今天的电子商务通过计算机网络将买方和卖方的信息、产品和服务器联系起来,而未来的电子商务者通过构成信息高速公路的无数计算机网络得以将买方和卖方联系起来。”

(4)IT(信息技术)行业对电子商务的定义。IT(信息技术)行业是电子商务的直接设计者和设备的直接制造者。很多公司都根据自己的技术特点给出了电子商务的定义。虽然差别很大,但总的来说,无论是国际商会的观点,还是 HP 公司的 E-WORLD、IBM 公司的 E-BUSINESS 都认同电子商务是利用现有的计算机硬件设备、软件设备和网络基础设施,通过一定的协议连接起来的电子网络环境进行各种各样商务活动的方式。

IBM 公司认为电子商务(E-Business)概念包括三个部分:内联网(Intranet)、外联网(Extranet)、电子商务(E-commerce)。

它所强调的是在网络计算环境下的商业化应用,不仅仅是硬件和软件的结合,也不仅仅是我们通常意义下的强调交易的狭义的电子商务(E-commerce),而是把买方、卖方、厂商及其合作伙伴在因特网、内联网和外联网结合起来的应用。

它同时强调这三部分是有层次的。只有先建立良好的 Intranet,建立好比较完善的标准和各种信息基础设施,才能顺利扩展到 Extranet,最后扩展到 E-commerce。

美国惠普公司提出电子商务(EC)、电子业务(EB)、电子消费(EC)和电子化世界的概念。

它对电子商务(E-commerce)的定义是:通过电子化手段来完成商业贸易活动的一种方式,电子商务使我们能够以电子交易为手段完成物品和服务等的交换,是商家和客户之间的联系纽带。它包括两种基本形式:商家之间的电子商务及商界与最终消费者之间的电子商务。

总体来说,电子商务(E-commerce)是依赖互联网(Internet)、企业内部网(Intranet)和增值网(VAN,Value Added Network),以电子交易方式进行交易活动和相关服务活动,是传统商业活动各环节的电子化、网络化。电子商务包括电子货币交换、供应链管理、电子交易市场、网络营销、在线事务处理、电子数据交换(EDI)、存货管理和自动数据收集系统。在此过程中,利用到的信息技术包括互联网、外联网、电子邮件、数据库、电子目录和移动电话。狭义的电子商务是指利用 Internet 从事商务或活动。而广义的电子商务是使用各种电子工具从事商务或活动。这些工具包括从初级的电报、电话、广播、电视、传真到计算机、计算机网络，到 NII(国家信息基础结构——信息高速公路)、GII(全球信息基础结构)和 Internet 等现代系统。而商务活动是从泛商品(实物与非实物，商品与非商品化的生产要素等等)的需求活动到泛商品的合理、合法的消费除去典型的生产过程后的所有活动。

电子交易是通过 Internet 销售产品和服务。许多人把电子交易与电子商务相混淆，其实这是可以理解的。不论如何，交易买卖毕竟是商务的首要组成部分，电子交易是电子商务不可或缺的核心环节，电子商务包含更多的活动和概念。

电子商务在运作模式上可以分为 B2B,B2C,C2C 三种模式。

B2B 指的是 Business to Business，即商家(泛指企业)对商家的电子商务。有时写作 B to B，但为了简便干脆用其谐音 B2B。B2B 是指进行电子商务交易的供需双方都是商家(或企业、公司)，它们使用了 Internet 的技术或各种商务网络平台，完成商务交易的过程。这些过程包括:发布供求信息，订货及确认订货，支付过程及票据的签发、传送和接收，确定配送方案并监控配送过程等。阿里巴巴(www. alibaba. com)就是经典的 B2B 网站平台。

C2C 指的是用户对用户的模式。C2C 商务平台就是通过为买卖双方提供一个在线交易平台，使卖方可以主动提供商品上网拍卖，而买方可以自行选择商品进行竞价。家喻户晓的淘宝(www. taobao. com)就是一个很成功的 C2C 模式的电子商务案例。

B2C 指的是电子商务按交易对象分类中的一种，即表示商业机构对消费者的电子商务。这种形式的电子商务一般以网络零售业为主，主要借助于 Internet 开展在线销售活动。例如经营各种书籍、鲜花、计算机、通信用品等商品。著名的亚马逊(www. amazon. com)就属于这种网站。

3.1.2 电子商务与传统商务的区别

传统商务交易过程大概分为交易前的准备、贸易磋商、合同与执行、支付与清算等环节。在电子商务环境下，交易的运作过程虽然也有交易前的准备、贸易的磋商、合同的签定与执行以及资金的支付等环节，但是交易具体使用的运作方法是很不同的。对于电子商务而言，“信息流”是最基本的一种“流”，所有电子商务都包含有“信息流”，没有“信息流”则不成其为电子商务。而传统商务则不一定必须有“信息流”。电子商务中的“信息流”一般是以“数据信息”为表达形式，通过采用现代信息技术进行存储、处理、传输，特别是通过计算机和网络实现的。而传统商务中的“信息流”则是以纸介信息载体为主实现的。

对于电子商务而言，"信息流""资金流""商流"三者至少有一种必须是以"数据信息"为表达形式来进行存储、传输、处理，否则就不成其为"电子商务"。较为完备的"电子商务"应该是三者皆以"数据信息"为表达形式来进行存储、传输、处理。以"数据信息"为表达形式进行有关商务的"交换"和"流通"，是电子商务的特点，也是其与传统商务的根本区别所在。

3.1.3　电子商务的优势与不足

近些年来，企业纷纷进入电子商务的浪潮，取得了行之有效的成果，因为电子商务极大地提高了传统商务活动的效益和效率。与传统商务活动相比，它具有下列优点：

(1)降低交易成本。首先，通过网络营销活动企业可以提高营销效率和降低促销费用，据统计在 Internet 上做广告可以提高销售数量 10 倍，同时它的成本是传统广告的 1/10；其次，电子商务可以降低采购成本，因为借助 Internet 的企业可以在全球市场寻求最优惠价格的供应商，而且通过与供应商信息共享而带来的减少中间环节中由于信息不准确带来的损失。有资料表明，使用 EDI 通常可以为企业节省 5%～10%的采购成本。

(2)减少库存。为应付变化莫测的市场需求，不得不保持一定库存产品，而且由于企业对原料市场把握不准，因此也常常维持一定的原材料库存。产生库存的根本原因是信息不畅，以信息技术为基础的电子商务则可以改变企业决策中信息不确切和不及时问题。通过 Internet 可以将市场需求信息传递给企业决策生产，同时企业的生产信息可以马上传递给供应商适时补充供给，从而实现零库存管理。

(3)缩短生产周期。产品的生产是许多企业相互协作的成果，产品的设计开发和生产销售涉及许多关联的企业，通过电子商务可以改变过去的信息封闭的分阶段合作方式为信息共享的协同工作，从而最大限度减少因信息封闭而出现等待的时间。

(4)降低管理成本，提高劳动生产率。电子商务可在任意地点办公，通信费用低。通过网络自动处理业务流程与供货商、配送商的合作提高了劳动生产率。

(5)扩展市场范围，增加商机。传统的交易受到时间和空间限制，而基于 Internet 的电子商务则是 24 小时全球运作，网上的业务可以开展到传统营销人员销售和广告促销所达不到的市场范围。并且全天候服务，用户可以随时随地在网上选购商品。

(6)为顾客提供个性化服务。顾客可以定制商品，商城可以自动根据老顾客以前购买的情况为其推荐商品，自动按其累计购买量打折，提供智能化的商品对比功能等服务。

相比传统商务，电子商务优势明显，并且近年来，传统电子商务面临新生电子商务的有力挑战，电子商务是否会上居其位，传统商务是否会退居其次呢？有利必有弊，任何事物多是一分为二的。电子商务也有其多方面的不足之处。

(1)网络自身有其局限性。有些行业或者有些业务流程也许不适于使用电子商务。比如家中的日常用品，柴米油盐蔬菜肉类等的购买交易，更适合于在传统商务模式下进行。

(2)交易的安全性需要得到进一步的保障。网络所固有的开放性与资源共享性导致网上交易的安全性受到严重威胁，交易的安全保障受到挑战，所以电子商务的安全体系进一步构建完善非常重要。

(3)电子商务的管理还不够规范。我国电子商务发展还处于起步阶段，整体应用水平比较低，交易环境有待改善，社会公众对电子商务的认知度和认可度有待提高，电子商务信息披露、资金支付和商品交付等行为还有待规范。

(4)我国的电子商务标准尚不够完善。作为信息技术在商业领域的重要发展，电子商务在我国开始得到越来越多的重视。1997 年至 1999 年间，电子商务已在我国成为一个热门话题。有关电子商务的研究、探讨和试验方兴未艾，其中包括了电子商务标准的研究与制定工作。相比较国外，我国制标工作相对薄弱，企业参与性不强，与信息技术发达国家相比，我国企业参与电子商务标准的制定工作存在显著差距。

(5)电子合同和电子证据的法律问题。电子商务迄今为止给现行法律带来的冲击与挑战无疑是全方位的，几乎涵盖了所有的传统法律部门，证据法即是颇受困扰的核心法律部门之一。众所周知，典型的电子商务离不开以因特网为代表的计算机网络，而计算机网络是一个数字化的虚拟空间，在这样的空间中法官不可能回到过去亲眼观察事件的发生，也不可能找到传统的证据来再现过去。在这样一个数字环境中，行为人、行为甚至证据等都表现为二进制式的电子数据形式，它们以二进制数字运算的方式运行。这里没有任何传统的蛛丝马迹，只有数字痕迹，要想依据传统理论来解决证据问题将遇到极大的困难。因此，人们必须重新诠释现代各国普遍采用的证据裁判主义。换言之，人们必须回答如下的一系列证据问题，即：在这一空间证据表现为何种形式？如何提取与保全证据？哪些证据可以被采纳？如何判断被采纳的证据证明力大小？等等。这些便构成了电子商务带给全球各国的共同法律障碍。

(6)企业计算收益遇到的问题。对电子商务进行投资时，其收益是很难计算的，这是因为实施电子商务的成本和收益很难定量计算。另外招募和留住那些精通技术和设计、熟悉业务流程的雇员也是件难事。还有的困难是完成传统业务的数据库和交易处理软件很难与支持电子商务的软件有效地兼容。

3.2　大宗 B2B 电子商务

3.2.1　电子商务在我国的发展现状

中国电子商务始于 1997 年。中国商品订货系统(CGOS)、中国商品交易中心(CCEC)、虚拟“广交会”等大型电子商务项目在 1997 年相继推出，拉开了中国电子商务的序幕。1998 年“首都电子商务工程”的展开和 1999 年“8848 网上超市”的出现，标志着中国电子商务开始进入快速发展时期，中国电子商务由此“正式启动”。

2001 年左右，由于互联网泡沫的影响，很多电子商务网站倒闭了。2003 年非典催化了网购市场的发展，中国电子商务市场开始复苏。从 2003 年至今看到的是一个创新发展，一个充满生机和令人向往的市场，包括很多新的模式产生，很多与电子商务相关的资本运作也在不断地出现，很多大批垂直类的网站不断涌现。截至 2008 年 3 月 13 日，北京 BDA 市场调研公司报告称，按用户数量计算，中国目前已经超过美国而成为全球最大的互联网市场。其手机网民数达到 5 040 万人。网络市场购物成交额达到 590 亿元，网上购物人数已达 4 640 万人。其中淘宝网以 433.1 亿元高居榜首。支付宝已经拥有6 200 万注册客户，每天通过支付宝的成交量已超过 3 亿元，掌控了国内 50％多的网上交易支付市场资源。中国工商银行 2007 年电子银行交易额达 102.9 万亿元，同比增长 127％，成为中国首家电子银行年交易额超过百万亿元的银行。可以说，中国电子商务已经由表及里、从虚到实，从宣传、启蒙和推广阶段进入到了务实的发展实施阶段。

1.政府对电子商务的推进和环境改善

我国政府正全面、积极、稳妥地推进中国电子商务的发展。1998 年以来，政府对电子商务的支持与协调力度明显增加。我国电子商务发展的总体框架(包括整体战略、发展规划、发展措施、技术体制标准以及相关法律法规)的推出，将会使电子商务有一个更加规范有序的应用与发展环境。不少地方政府也都对电子商务给予了前所未有的关注与支持，开始将电子商务作为重要的产业发展方向。

我国电子商务的法律环境依然亟待健全和完善。在中国电子商务法律问题上，应该注意在规范管理与鼓励创新之间求得平衡，既要看到规范电子商务发展的必要性，又要充分认识到电子商务不同于传统商务的特殊性，为中国电子商务的发展营造一个宽松而有序的法律环境。为此，政府应该做的工作是，制定政策鼓励电子商务的应用与发展,鼓励探索,鼓励创新,同时立即着手解决电子商务法律中的紧迫问题,如电子签名和电子合同的法律效力等。

2.逐渐突破瓶颈制约

网上支付、实物配送和信用等作为电子商务系统工程中的重要环节,被视为制约中国电子商务应用与发展的"瓶颈"。1999年以来,网上支付"瓶颈"正在迅速得到解决。在这方面较为成功的,有"8848"网上超市提供的包括网上支付在内的多元化支付方式,有首都电子商城电子商务、支付宝等支付平台。

实物配送在电子商务应用与发展中的重要性,已经得到电子商务业界人士的广泛认同和重视,并尝试以各种不同的方式予以解决。在这方面,出现了一些堪称突破的可喜进展,拥有我国最大传递网络的中国邮政加盟电子商务领域,一些专门为电子商务项目服务的专业配送企业也相继出现。

3.应用多元化发展

网上书店和网上商场在增加和完善网上支付功能、完善各项服务后以更大的势头发展;网上拍卖、网上商城、网上邮购等面向消费者的电子商务网站大量推出。不少电子商务企业和工商企业开始酝酿企业间电子商务。证券电子商务也有所发展,"网上炒股"对于有些股民已经成为现实。

网络是一片独特的天空,中国国情又有其特殊性。如何结合 Internet 和中国国情,充分发挥电子商务的优越性,以实现极富意义的电子商务技术和商务模式的创新,是摆在中国电子商务业界人士面前的一大课题。

4.电子消费观念的兴起促进电子商务的蓬勃

21世纪是信息化时代,互联网无处不在,企业和消费者的电子商务意识越来越强烈,极大地促进了电子商务行业的发展。企业活动不仅仅限制于传统的订货会、展销会、面对面的洽谈,他们更多地加入网络商务,通过电子化的方式,通过网络化的环境来展示、查询产品。越来越多的消费者也更加乐意于通过电子交易的方式来消费,因为这样更便捷、更时尚。

5.与外资融合,加速世界经济一体化

具有外资背景的电子商务企业和项目日益增加。其表现形式是双向的:既有海外风险投资直接进入国内的电子商务企业,也有国内企业通过海外上市吸收海外资金。在不少电子商务企业内,外籍或具有外资企业背景的高级管理人员显著增加。与此同时,海外电子商务企业开始直接进入中国市场。随着中国加入世界贸易组织的前景日趋明朗,基于超越国界的 Internet 的电子商务不可逆转地走上了世界经济一体化的道路。

6.当前存在不容忽视的问题

在我国的环境下,"商务为本"观念依然薄弱。中国电子商务是由主导信息技术的IT业界推动的,使得中国电子商务在发展之初就带有浓厚的技术倾向，"重技术、轻商务"是我国电子商务普遍的现象。事实上，"商务"才应该是根本，技术是工具，起着推动商务发展的重要作用。电子商务企业有必要树立"商务为本"的观念，将目光转向工商企业和消费者的实际需求，以此为依据确立电子商务服务方式和电子商务解决方案。

物流与信息化基础比较滞后。中国电子商务的顺利发展离不开诸如物流和信息化基础的进步和完善，这一点对主要由于技术推动而形成的中国电子商务应用与发展显得尤其重要。整个社会的物流现代化水平和信息化水平(如通信网络、带宽、企业信息化等)需要大大提高，否则会继续阻碍中国电子商务的发展。

大家能从身边深切地感受到电子商务发展的蓬勃生机。传统商务面临着电子商务前所未有的挑战，然而电子商务也必依托于传统产业，传统商务应该与新生事物密切结合起来，才能给我们的企业带来更强的生命力。

3.2.2　电子商务与物流业的关系

1. 电子商务与物流的关系

(1)物流是电子商务的重要组成部分。电子商务的本质是商务，商务的核心内容是商品的交易，而商品交易会涉及商品所有权的转移，货币的支付，有关信息的获取与应用，商品本身的转交等。物流作为四流中最为特殊的一种，是指物质实体的流动过程，具体指运输、储存、配送、装卸、保管、物流信息管理等各种活动。

(2)物流是实现电子商务的保证。物流作为电子商务的重要组成部分，是实现电子商务的重要保证。电子商务通过快捷、高效的信息处理手段，可以比较容易地解决信息流(信息交换)、商流(所有权转移)和资金流(支付)的问题。而将商品及时地配送到用户手中，即完成商品的空间转移(物流)才标志着电子商务过程的结束。因此，物流系统的效率高低是电子商务成功与否的关键。

(3)物流保证生产的顺利进行。无论在传统的贸易方式下，还是在电子商务下，生产都是商品流通之本，而生产的顺利进行需要各类物流活动的支持。

(4)物流服务于商流。在整个电子商务中，物流实际上是以商流的后续者和服务者的姿态出现的。没有现代化的物流，轻松的商务活动只会退化为一纸空文。

(5)物流是实现以"顾客为中心"理念的根本保证。电子商务的出现，在最大程度上方便了最终消费者。他们不必到拥挤的商业街挑选自己所需的商品，而只要坐在家里，上网浏览、查看、挑选，就可以完成购物活动。物流是电子商务实现以顾客为中心理念的最终保证。缺少现代化物流技术与管理，电子商务给消费者带来的便捷等于零，消费者必然会转向他们认为更为可靠的传统购物的方式上。

2.电子商务对物流的影响

近几年来，在电子商务的应用与发展过程中，人们发现因为没有一个高效、合理、畅通的物流系统，电子商务所具有的优势就难以得到有效的发挥。但随着电子商务环境改善的同时，电子商务也正在使传统的物流发生变化，甚至会强化物流的作用，促使物流系统进一步完善。电子商务活动对物流的影响，主要表现在以下几个方面：

(1)电子商务改变传统物流观念。电子商务作为一新兴的商务活动，为物流创造了虚拟的运动空间。可以通过各种组合方式，寻求物流的合理化，使商品实体在实际的运动过程中，达到效率最高、费用最省、距离最短、时间最少的功能。

(2)电子商务改变物流的运作方式。传统的物流和配送过程是由多个业务流程组成的，受人为因素和时间因素影响很大。网络的应用可以实现整个过程的实时监控和实时决策，而且这种物流的实时控制是以整体物流来进行的。新型的物流和配送的业务流程都由网络系统连接。当系统的任何一个环节收到一个需求信息时，该系统都可以在极短的时间内作出反应，并拟定详细的配送计划，通知各相关环节开始工作。这一切工作都是由计算机根据人们事先设计好的程序自动完成的。

物流和配送的持续时间在电子商务环境下会大大缩短，对物流和配送速度提出了更高的要求。传统物流和配送的环节极为烦琐，在网络化的新型物流配送中心里可以大大缩短这一过程。

(3)电子商务改变物流企业的经营。首先，电子商务将改变物流企业对物流的组织和管理。其次，电子商务将改变物流企业的竞争状态。

(4)电子商务促进物流改善和提高。首先，电子商务将促进物流基础设施的改善；其次，电子商务将促进物流技术的进步；第三，电子商务将促进物流管理水平的提高。

3.目前所存在的问题

当前，我国物流业发展总体滞后。具体说存在以下问题：

(1)物流观念陈旧，缺乏现代物流理念。

(2)商业环境相对落后，造成物流布局不合理，专业化服务程度低；同时，条块分割的管理体制也制约着物流管理的发展。

(3)我国物流信息服务体系和网络体系的落后也制约着物流业向专业化、一体化方面的发展。

(4)物流产业目前发展的制度环境有待完善。

(5)物流方面专业人才缺乏，物流在职人员的总体水平较低，制约了我国物流业的发展。

现在,由于企业销售范围的扩大,企业和商业销售方式及最终消费者购买方式的转变,使得送货上门等业务成为一项极为重要的服务业务,促使了物流行业的兴起。物流行业即能完整提供物流机能服务,以及运输配送、仓储保管、分装包装、流通加工等以收取报偿的行业。它主要包括仓储企业、运输企业、装卸搬运、配送企业、流通加工业等。信息化、全球化、多功能化和一流的服务水平,已成为电子商务下的物流企业追求的目标,即多功能化——物流业发展的方向;一流的服务——物流企业的追求;信息化——现代物流业的必由之路;全球化——物流企业竞争的趋势。

全球化战略的趋势,使物流企业和生产企业更紧密地联系在一起,形成了社会大分工:生产厂集中精力制造产品、降低成本、创造价值,物流企业则花费大量时间、精力从事物流服务。物流企业的满足需求系统比原来更进一步了。例如,在配送中心里,对进口商品的代理报关业务,暂时储存、搬运和配送,必要的流通加工,从商品进口到送交消费者手中的服务实现一条龙。

电子商务将给人类带来一次史无前例的产业革命,这场革命的结果是将人类真正带入信息社会。同时,电子商务的发展也给物流企业创造了新的发展空间。借助于电子商务,物流理论将逐步成为一种新型的物流模式。然而,目前在电子商务的发展过程中,作为支持有形商品网上商务活动的物流,不仅已成为有形商品网上商务活动的一个障碍,而且也已成为有形商品网上商务活动能否顺利进行的一个关键因素。可见,实现电子商务,物流是关键。但是,我们依然可以乐观地设想到电子商务的明天:随着计算机技术的不断普及、网络技术的不断完善,电子商务势必取得长足的发展和应用,物流也将实现真正意义上的"货能畅其流"。

3.2.3　大宗电子商务的发展

随着我国电子商务的快速发展,物流对于电子商务活动的影响日益明显,电子商务与现代物流信息化的结合,已经成为促进我国电子商务整体水平提升过程中越来越关键的一环。大宗电子商务是B2B电子商务的一种典型形式和重要组成部分。大宗商品电子交易是投资行业的一个新兴门类,由国家贸易部监管。它以现货交割为目的,具有独立的仓储系统和物流系统。与传统电子商务交易相比,大宗商品电子交易具备完全交易、商品流和资金流同时转换的特点。商品电子化交易系统是在商品交易市场为买卖双方会员的委托提供一个计算机撮合配对的工具,处理电子交易中买卖双方下单、撤单、成交、结算、交割、处罚等事宜,同时提供银行转账与物流配送系统接口,方便参与买卖会员的资金出入和货物仓储配送,并向会员及系统管理和使用人员提供当前的行情及其相关结算信息。《大宗商品电子交易规范》对大宗商品做了明确的规定:可进入流通领域,但非零售环节,具有商品属性用于工农业生产与消费使用的大批量买卖的物质商品。“大宗商品电子交易中心”把有形的市场和无形的市场结合起来,既有网上拍卖和网上配对的即期现货交易,又有中远期的合同订货交易。2003年国家质量监督检疫总局发布了国家标准《大宗商品电子交易规范》。这一法规明确规定了大宗商品电子交易可采取保证金制度、每日无负债结算制度,把T+0、双向交易机制的一些手段引用到批发市场的建设和发展中,为批发市场的发展提供了一个广阔的空间。《大宗商品电子交易管理规范》这一国家法规的发布,也标志着批发市场的发展进入了一个崭新时代——电子商务时代。

电子交易市场推广应用,积极推动我国电子商务和物流业的发展。建立大宗商品电子交易市场,实现大宗原材料资源的集中管理,能够促进完善我国生产要素和资源价格形成机制,有利于国家宏观调控。截至2009年5月份,我国现货商品交易市场已达9万多家,年成交额达3.4万亿元,约占我国GDP总量的30%。中国大宗商品电子交易自2000年发展至今,已走过10个年头。在这段时间内,国内大宗商品市场发展如火如荼,特别是钢材类、石化类产品发展异常迅猛,其两种产品的总交易量已占据大宗商品电子交易半壁江山之多。中国正在成为世界工厂,中国的贸易量在世界贸易中占有相当大的比例,而国内贸易市场潜力也很大。中国要成为世界工厂,一方面要靠劳动力和技术资源,另一方面要靠原材料资源。这些原料从哪里来?生产企业需要采购,生产原料的企业需要销售,这就给“大宗商品电子交易中心”的产生和发展奠定了一个很好的客观基础。这些原料大部分都属于季节性生产全年消费或少地生产全国消费的大规模原材料,企业要靠自己对商品的价格进行判断,按照供求情况变化,决定生产多少,消费多少,很多的流通企业也都通过批发市场采购原料,特别是中小企业。大宗商品电子交易中心的建立就是为了服务大宗原料商品的流通,成为行业的信息中心、交流中心、物流配送中心和结算中心。

作为各行业大宗商品电子交易中心的业务运营支撑系统,主要由电子交易平台、物流配送平台、综合信息服务平台及门户入口三部分组成。大宗电子商务平台综合采用虚拟仓储管理、全面订单管理、交易与物流联动、SCOR模型等现代供应链管理技术和SOA架构、Web服务、工作流等计算机技术,解决以往电子交易与现代物流系统相互分离、交易与交收脱节、交易与物流间信息不畅、无法实时联动、各物流作业环节的资源无法协同调度等关键问题,实现交易、物流一体化管理,使得“异地交易、本地交收”成为可能,解决了电子交易市场“交易容易交收难”的“最后一公里问题”。通过技术创新,帮助电子交易市场建设成为具有区域影响力并辐射全国的大宗商品交易中心、物流中心、信息中心和定价中心。大宗电子交易平台是适合我国国情的大宗商品电子交易市场建设理论与方法体系，解决了交易模式、履约保证机制、物流交收服务规则、物流金融创新服务体系等电子交易中亟待解决的问题，实现了对关系国计民生的大宗生产资料的电子商务活动和物流服务的信息化管理；极大地带动大宗商品交易行业进步，推动了钢材、能源等大宗商品在生产、流通和使用等环节的上下游产业发展，在电子商务和现代服务业信息化领域中占据重要地位。交易市场的发展，极大地促进了电子商务市场的繁荣，但同时也对商品流通效率提出了新的要求，发展现代化物流，提升物流管理技术，完善物流体系，是加速电子商务发展、实现电子交易优势的重要前提与保证。

3.3 电子商务交易平台的实现

3.3.1 电子交易平台的功能需求

电子交易平台为物流园区内企业提供快捷、便利、安全的电子交易服务，为企业降低交易成本，使经营者“足不出户”就能完成日常交易，并与其他物流、仓储平台等集成，使交易进展、货物流通情况一目了然。

电子商务交易平台面对的用户分别是交易商和平台运营商。交易商可以使用平台进行供求信息发布、查询，磋商谈判，交易及货物交割。平台运营商可以使用平台进行交易商信息管理，交易品种管理，仓单管理，货物交割流程管理，以及交易资金的管理。

电子交易系统主要包括交易、交收、结算、统计查询及行情分析四大功能。各功能模块可以根据用户的需求在物理上进行独立部署，以提高系统性能。B2B电子商务交易平台需满足如下需求：

(1)支持现货交易和远期现货交易。现货交易是指买卖双方出自对实物商品的需求与销售实物商品的目的，根据商定的支付方式与交货方式，采取即时或在较短的时间内进行实物商品交收的一种交易方式。交易通过邀约和应约的方式来完成。邀约方需要发布产品名称、规格、产地、数量、单价等信息。应约方根据自己的需求进行磋商谈判。双方可以约定交割价格、交割时间、交割地点及交割方式。交割方式包括自助交割和系统交割。

远期现货交易采用先进的自动撮合交易体系，在网上开展集中竞价交易，由交易市场进行统一撮合、统一资金结算，保证现货交易的公开、公平、公正。交易成交后，市场为买卖双方进行资金结算、实物交收。与现货交易相比，远期现货交易的交收时间不同,现货交易一般是即时或在很短时间内完成,而远期现货交易交收日期是事先规定好的。现货交易的对象是实物商品,远期现货交易的对象是标准化的电子合约。远期现货电子交易实行每日结算制度。从交易目的上来说,现货交易的目的是让渡商品所有权,远期现货电子交易的主要目的是赚取差价以及规避风险。

(2)适合多种大宗交易的交易品种,有色、钢铁、粮食、食糖、化工、煤炭等。

(3)同时支持客户端和浏览器方式。因为用户使用习惯的不同,要求系统支持两种不同的访问方式。

(4)支持一个交易商多个席位和资金账号。一个交易商可拥有多个交易席位,每个交易席位可单独进行交易,一个交易席位对应一个资金账号。

(5)先进的交易自动撮合技术。对于远期现货来说,系统需要一个行之有效的先进的撮合技术来成交订单。系统可能需要应对大量的数据,以及该系统撮合应该是在开市时间实时运行的线程,所以一方面撮合结果要行之有效,另一方面,不能给系统造成过大的负荷。

(6)具备高性价比的电子交易安全保障体系。大宗电子交易平台运行时,涉及几十亿、上百亿的资金流管理,其安全重要级别等同于银行系统。应综合采用网络层、系统层、平台层、中间件层、应用层等多层级网络信息安全技术,支持多种高强度加密算法保证数据传输的安全性,比如 SSL、MD5 加密、CA 认证等多种技术手段,实现对交易账号、交易机器、功能菜单、交易操作、操作日志、系统监控等的安全管理,使用电子证书进行双向用户登录验证和权限管理,使用电子签名技术保证电子合同的有效性和合法性,提供与银行接口,实现会员资金分账户管理及银行每日划账对账等。

(7)完善的用户行为审计功能。涉及系统重要的信息发布、流程确认,需经过运营商管理员的审核确认、比如资金的出入、供求信息的发布、合同交收结束的归档确认工作等,以确保系统正确安全运行。

(8)交易风险系数控制管理。远期或者现货交易过程中,涉及的风险系数,比如系统的安全系数、保证金系数、手续费系数、交收安全期、涨跌幅控制等,系统管理员能够进行设置和确认,以控制交易风险。

(9)行情信息可自动发布到综合信息门户。方便注册用户或者未注册用户在门户页面就可浏览当前行情信息。

(10)与其他平台无缝连接。提供配套的物流运载和仓储管理服务。我们前文提到过,一个综合的电子商务平台,电子交易只是其重要的一部分,还应该集成有物流配载和仓储的服务平台。

3.3.2　电子交易平台主要的业务逻辑

1. 现货交易流程

现货交易主要包括挂单管理、磋商谈判、现货交收等。现货部分的交易流程图如图 3.1 所示。

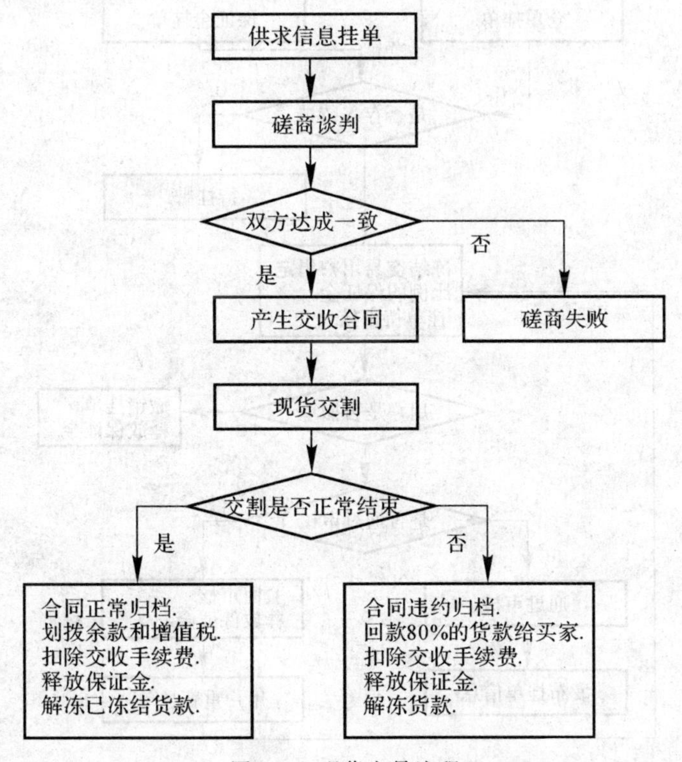

图 3.1　现货交易流程

其中,交易保证金是指会员在交易所专用结算账户中确保合约履行的资金,是已被合约占用的保证金。在买卖双方成交后,交易所按持仓合约价值的一定比率向双方收取交易保证金。交易手续费和交收手续费是系统收取交易用户的交易交收过程手续费。

2. 现货挂单流程

交易用户通过现货挂单来发布供求信息,成功通过审核的挂单将在现货超市中展示,有意摘牌的用户可通过磋商谈判来和挂牌方进行沟通,以此达成交易目的,如图 3.2 所示。

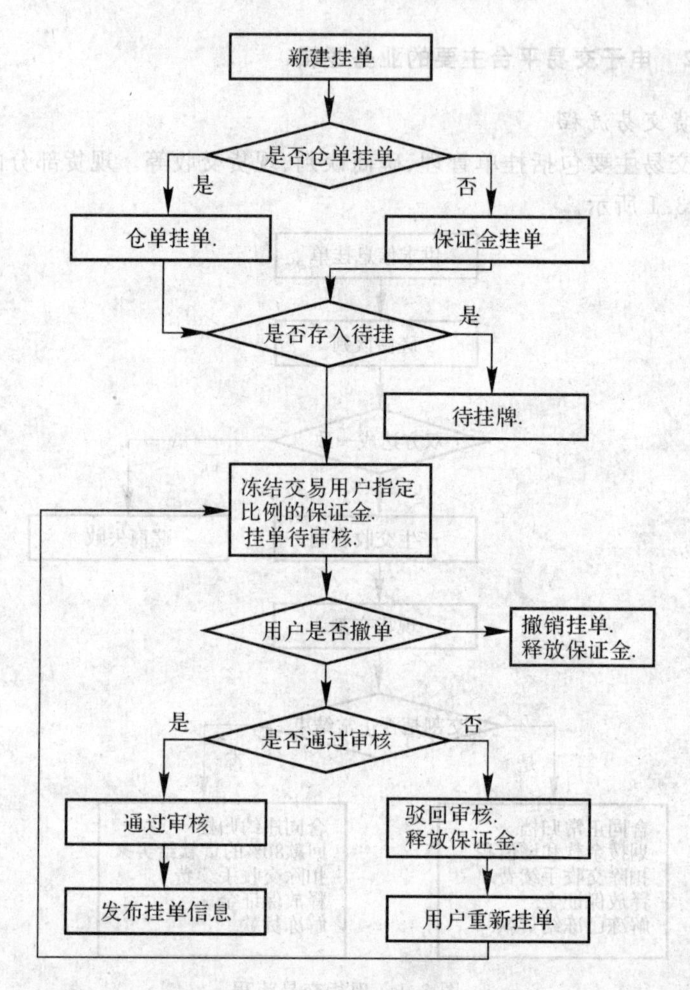

图 3.2　现货挂单流程

3. 磋商谈判过程

成功挂单后,图 3.3 是交易双方的磋商过程,双方如果达成一致的话,则一笔交易成功确认。

4. 现货交割流程

图 3.4 是现货交割的流程示意,值得注意的是,卖家开具发票之前的每个操作,如果对应交易商在规定交易日内未进行指定或者确认,系统将该比交割设为违约结束,违约方为逾期操作方。违约者需要付一定的违约金给交易对方。

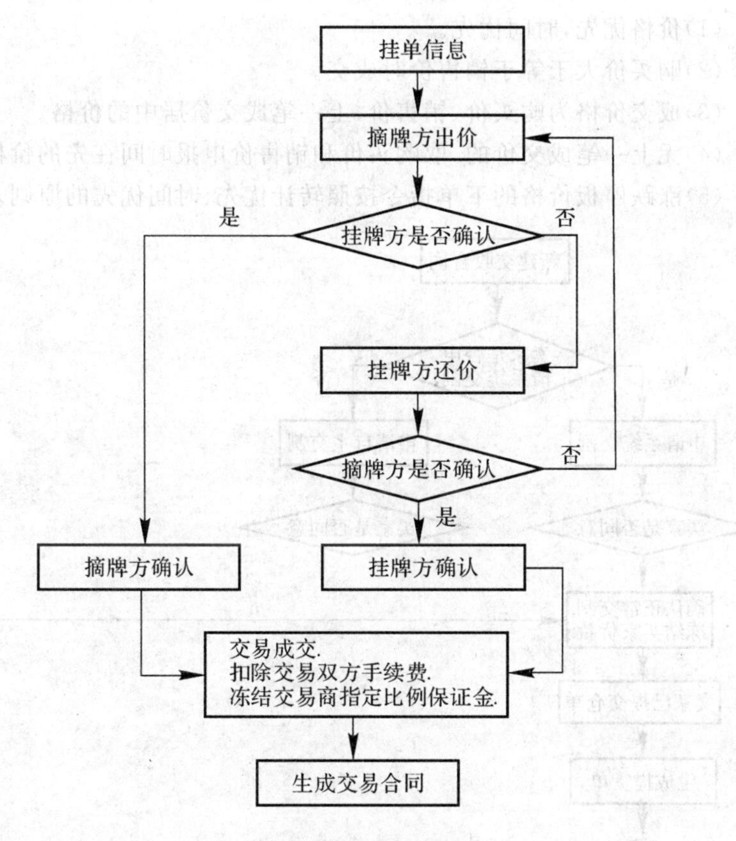

图 3.3　磋商谈判流程

5. 远期现货交易流程

远期现货包括交易行情、远期现货买卖、转让挂单、货物交割等内容。远期现货的目的是规避风险和赚取差价，但是如果在约定交收日之前交易用户尚未平仓，则需要进行货物交割。图 3.5 是远期现货交易流程。

6. 远期货物交割流程

如交易商未及时进行平仓操作。平仓是指期货交易者买入或卖出与其所持期货合约的品种、数量及交割月份相同但交易方向相反的期货合约，了结期货交易的行为，则进入货物交割，流程如图 3.6 所示。

7. 远期交易撮合以及交收价计算的算法

交易商在远期交易系统成功挂起买卖订货或者买卖转让单之后，系统需根据一定的算法撮合订单成交。对交易客户端所下的买卖订单实施自动撮合，计算成交数量，记录成交结果。

成交规则：

(1)价格优先,时间优先。

(2)购买价大于等于销售价时成交。

(3)成交价格为购买价、销售价、上一笔成交价居中的价格。

(4)无上一笔成交价的,取购买价和销售价申报时间在先的价格。

(5)涨跌停板价格的下单指令按照转让优先、时间优先的原则。

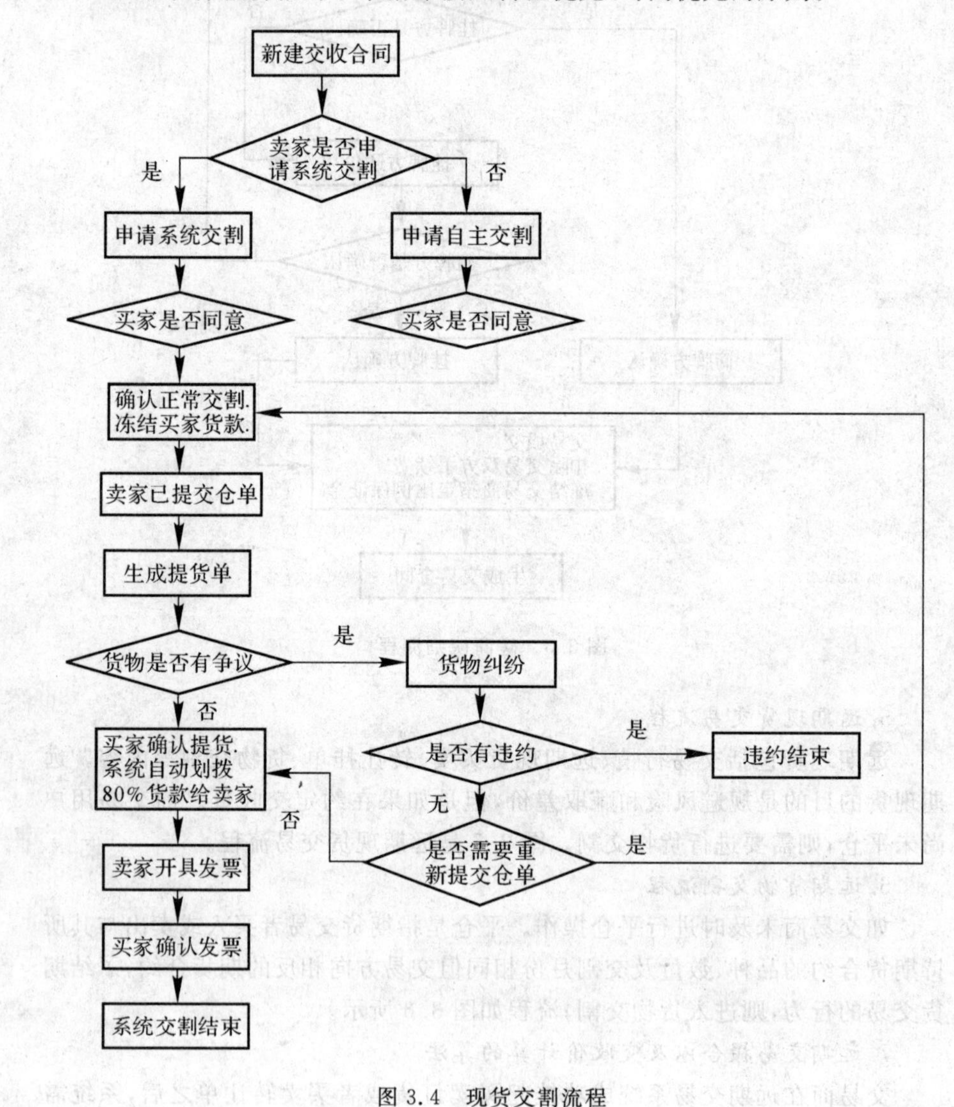

图 3.4　现货交割流程

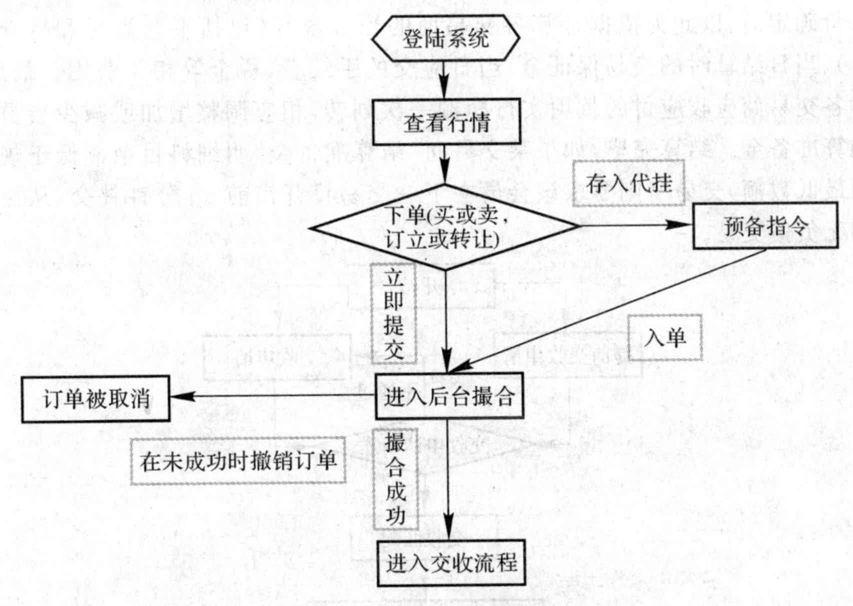

图 3.5　远期现货交易流程

8. 远期现货交易行情

行情信息实时发布，对周边系统提供行情实时数据查询接口，便于行情信息发布。例如：信息平台、大屏等。行情内容包括当日交易信息、交割信息、行情 K 线图、交易品种咨询信息等。

以图 3.7 为例，交易品种的行情信息应包括开盘价、收盘价、最高价、最低价、结算价、订货量、最新价、成交量、涨跌幅、昨结算、申卖价、申买价、申买量、申卖量等内容。系统一定时间内应及时刷新行情信息。

9. 交易资金管理

交易商资金账户在系统内部的出入金必须经过申请，管理员审核。出入金操作由管理员来进行。现货资金进行实时结算，可查询资金状况以及资金流转记录。远期现货资金进行日结算制度，用户可查看已结算资金报表。

实时结算即系统实时计算交易商的出入金，交易交收手续费等来即时修改现货资金账户可用金额，冻结金额和总金额。

每日结算制度即按当日各合约结算价结算所有合约的盈亏、交易保证金及手续费、税金等费用，对应收应付的款项实行净额一次划转，相应增加或减少交易商的结算准备金。该制度实际上是对持仓合约实施的一种保证金管理方式。按正常的交易程序，平台在每个交易日结束后，系统计算出当日各种交易品种的结算价格。当日结算价一般是指某交易品种当日成交价格按成交量计算的加权平均价；当日无成交的，以上一交易日结算价作为当日结算价。结算价确定后,以此为依据计算各交易商的当日盈亏(包括平仓盈亏和持仓盈亏)、当日结算时的交易保证金、当日应交的手续费、税金等相关费用。最后,对各交易商应收应付的款项实行净额一次划转,相应调整增加或减少会员的结算准备金。结算完毕,如果某交易商"结算准备金"明细科目余额低于规定的最低数额,交易所则要求该会员在下一交易日开市前 30 分钟补交,从而做到无负债交易。

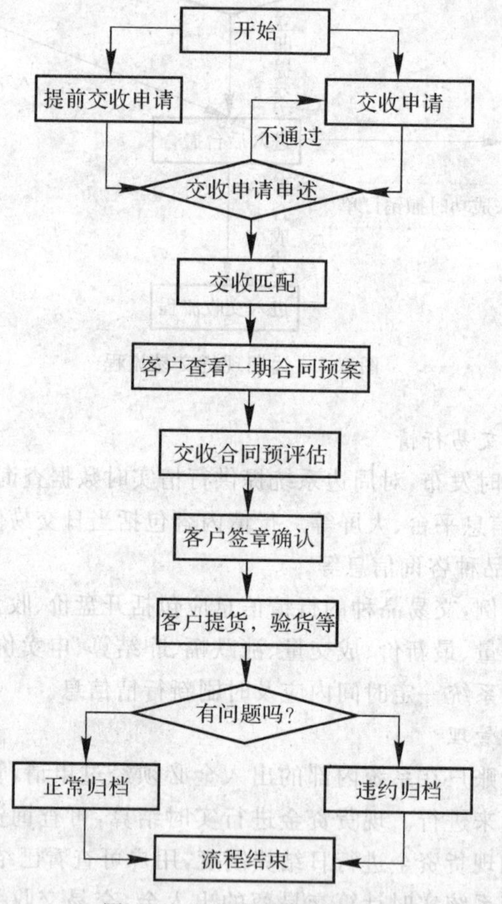

图 3.6 远期货物交割流程

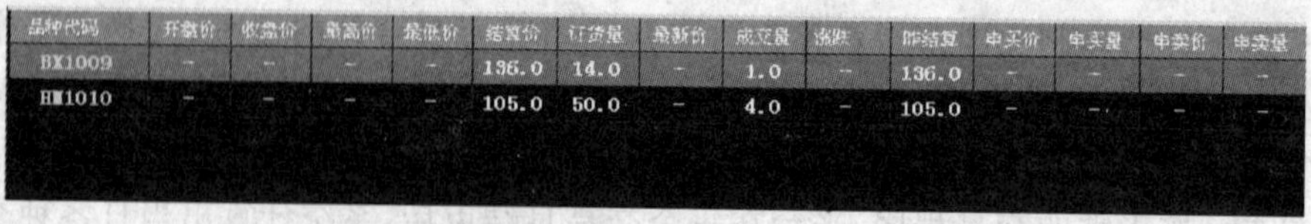

品种代码	开盘价	收盘价	最高价	最低价	结算价	订货量	最新价	成交量	涨跌	前结算	申买价	申买量	申卖价	申卖量
BX1009	-	-	-	-	136.0	14.0	-	1.0	-	136.0	-	-	-	-
HM1010	-	-	-	-	105.0	50.0	-	4.0	-	105.0	-	-	-	-

图 3.7 远期现货交易行情

3.3.3　电子交易平台与其他系统平台的接口

电子交易平台提供与外系统的接口：

(1)与仓储管理平台的接口：电子交易平台可以实时地查询交易商在仓储管理平台的仓单信息，并可以对已注册的仓单进行交易冻结与解冻动作。用户在电子交易平台的交易需凭借仓储平台的库存信息。成功交收后的交易商可凭借提货单去仓储平台修改自己的库存信息。

(2)与物流运载平台的接口：为交易商提供物品运输信息查询功能。

(3)与公共平台的接口：公共平台为电子交易平台提供用户及权限管理服务，实现身份统一认证，通过这种方式可以为用户提供多平台间的单点登入功能，简化用户操作。

第4章 物流运载调度部分

4.1 第三方物流概述

4.1.1 第三方物流的概念

第三方物流(Third-Party Logistics,简称 3PL,也简称 TPL)的概念源自于管理学中的外部资源(out - sourcing),意指企业动态地配置自身和其他企业的功能和服务,利用外部的资源为企业内部的生产经营服务;将外部资源引入物流管理领域,就产生了第三方物流的概念。所谓第三方物流是指生产经营企业为集中精力搞好主业,把原来属于自己处理的物流活动,以合同方式委托给专业物流服务企业,同时通过信息系统与物流企业保持密切联系,以达到对物流全程管理的控制的一种物流运作与管理方式。因此第三方物流又叫合同制物流。

第三方物流是通过与第一方或第二方的合作来提供其专业化的物流服务,它不拥有商品,不参与商品的买卖,而是为客户提供以合同为约束、以结盟为基础的、系列化、个性化、信息化的物流代理服务。第三方物流按内部的构成一般可分为两类:资产基础第三方物流和非资产基础第三方物流。资产基础第三方物流,他们拥有自己的运力资源和仓储资源,实际地为客户提供物流及仓储服务;非资产基础第三方物流则是物流管理公司,他们并不拥有实际的物流资产,他们拥有专业的物流人才和先进的信息化系统,为委托方提供专业的物流管理服务。第三方物流提供者是一个为外部客户管理、控制和提供物流服务作业的公司,他们并不在产品供应链中占有一席之地,但通过提供一整套物流活动来服务于产品供应链。

4.1.2 第三方物流的优势

第三方物流是由物品的托运方和接收方以外的专业物流企业提供物流运输、仓储服务的一种现代物流业务模式。第三方物流企业与客户以合同为约束,在合同范围内提供客户所需要的物流服务。第三方物流相对于企业内部物流,拥有多方面的优势,这些优势促进了第三方物流行业的发展。

1.信息优势

在信息化高速发展的今天,第三方物流,特别是非资产型第三方物流,信息资源成为他们运作的核心。具备信息的优势,第三方物流可以更好地了解当前的物流资源、价格、制度、政策等。同时,第三方物流的信息优势还来自于由它组织和运作的物流系统,而一个企业自行运作的物流部门由于职能的有限性和业务的针对性导致其无法具有第三方物流的优势。虽然,对于企业来说,经过长期的积累和发展,也可以形成自已的信息及渠道优势,但各家企业都进行这种信息及渠道的建设是一种资源的重复和浪费。这时,第三方物流的信息优势一览无遗,它们整合了各方面的信息资源,能够针对不同的客户需求、多样化的物流服务。

2.专业优势

第三方物流的核心竞争能力,除了信息之外,就是物流领域的专业化运作,专业化运作带来低成本、高水平的物流服务。就目前而言,国内绝大部分企业,物流属于生产过程中的一个重要环节,但并非其核心竞争力。对制造企业而言,核心竞争能力是设计、制造和新产品开发;对商业企业而言,核心竞争能力是商业营销。而第三方物流专注于物流服务,低成本、高质量的物流服务是他们的核心竞争力。因此,专业优势是第三方物流的一个很重要的优势。

3.规模优势

物流在不同的企业之间存在一定的共性,如果每个企业都去构建自已的物流体系,对社会来说是资源的浪费,对企业来说是成本上的负担。而第三方物流的规模优势来自于它可以将不同企业间的物流共性有效利用起来,组织若干客户进行共同物流。同时,企业将物流外包给第三方,可以有效降低自己的运营成本。有了规模,就能有效地实施供应链、配送等先进的物流信息化系统,进一步保障物流服务水平的提高。

4.服务优势

综合以上三点优势,第三方物流能够为企业提供优质的物流服务。作为服务的提供者,第三方物流与企业之间形成了一种合作关系,是利益的共同体。第三方物流和客户之间关系,不是竞争关系,而是合作关系,是共同利益的关系。第三方物流企业在构建、组织、运作方面,都是以优质服务为前提的,顾客是上帝,第三方物流的上帝就是企业。这是一般企业自建的物流体系所不具备的优势。

4.1.3　结合第三方物流的物流管理

在竞争激烈的市场上,降低成本、提高利润率往往是企业追求的首选目标。这也是物流在20世纪70年代石油危机之后其成本价值被挖掘出来作为

“第三利润源”受到普遍重视的原因。物流成本通常被认为是企业经营中较高的成本之一,控制物流成本,就等于控制了总成本。为了降低物流成本,将企业的运作重心放在其核心竞争力上,很多企业选择将物流外包给更加专业的第三方物流。

第三方物流发展的推动力就是要为客户及自己创造利润。第三方物流公司必须以有吸引力的服务来满足客户需要,服务水平必须符合客户的期望,要使客户在物流方面得到利润,同时自己也要获得收益,因此,第三方物流公司必须通过自己物流作业的高效化、物流管理的信息化、物流设施的现代化、物流运作的专业化、物流量的规模化来创造利润。结合第三方物流的物流管理为企业带来了各方面的利益和价值。

1.作业利益

第三方物流服务首先能为客户提供“物流作业”改进利益。一方面,第三方物流公司可以通过第三方物流服务,提供给客户自己不能自我提供的物流服务或物流服务所需要的生产要素,这是产生物流外包并获得发展的重要原因。在企业自行组织物流活动情况下,或者局限于组织物流活动所需要的专业知识,或者局限于自身的技术条件,是企业内部物流系统难以满足自身物流活动的需要,而企业自行改进或解决这一问题又往往是不经济的。物流作业的另一个改进就是改善企业内部管理的运作表现,增加作业的灵活性,提高质量和服务、速度和服务的一致性,使物流作业更具效率。

2.经济利益

第三方物流服务为客户提供经济或与财务相关的利益是第三方物流服务存在的基础。一般低成本是由于低成本要素和规模经济的经济性而创造的,其中包括劳动力要素成本。通过物流外协,可以将不变成本转变成可变成本,又可以避免盲目投资而将资金用于其他用途,从而降低成本。稳定和可见的成本也是影响物流外协的积极因素,稳定成本时的规划和预算手续更为简便。一个环节的成本一般来讲难以清晰地与其他环节区分开来,但通过物流外协,使用第三方物流服务,则供应商要申明成本和费用,成本的明晰性就增加了。

3.管理利益

第三方物流服务给客户带来的不仅仅是作业的改进及成本的降低,还应该给客户带来与管理相关的利益。正如前面所述,物流外包可以使用企业不具备的管理专业技能,也可以将企业内部管理资源用于别的更有利可图的用途中去,并与企业核心战略相一致。物流外包可以使公司的人力资源更集中于公司的核心活动,而同时获得的是别的公司(第三方物流公司)的核心经营能力。此外,如单一资源和减少供应商数目所带来的利益也是物流外包的潜在原因,单一资源减少了公关等费用,并减轻了公司在几个运输、搬运、仓储等服务商间协调的压力。第三方物流服务可以给客户带来的管理利益还有很多,如:订单的信息化管理、避免作业中断、运作协调一致等。

4.战略利益

物流外包还能产生战略意义及灵活性,包括地理范围块度的灵活性及根据环境变化进行调整的灵活性。集中主业在管理层次与战略层次高度一样具有重要性。共担风险的利益也可以通过第三方物流服务来获得。通过发展客户公司及组织运作来获取价值,这种第三方物流服务基本上接近传统意义上的物流咨询公司所做的工作,所不同的是这时候提出的解决方案要由物流供应商自己来开发并完成运作。增值活动中的驱动力在于客户自身的业务过程,所增加的价值利益可以看作愿与供应链管理与整合。

4.2 客户价值与第三方物流

4.2.1 第三方物流为客户带来的价值

企业将物流业务外包给第三方物流往往能给客户带来更多的客户价值优势。第三方物流可以为企业创造利润、成本价值、成本分散价值和竞争力提升的价值,可以为客户创造服务价值。

第三方物流发展的推动力就是要为客户及自己创造利润。第三方物流给企业带来了作业利益、经济利益、管理利益;成本价值体现在减少投资和运营物流的成本上;风险分散价值体现在企业通过引入第三方物流可以降低自己的投资风险、存货风险、货损风险;竞争力提升的价值主要体现在企业利用第三方物流,可使自身专注于提高核心竞争力;服务价值主要指通过第三方物流的专业化服务,会提高顾客满意度,增强企业信誉,促进企业的产品销售,提高利润,进而提高企业市场占有率。

对前面分析的企业所实现的物流客户价值程度和企业的物流战略程度划分为高和低两个标准,组合后分别对应四种不同的物流策略。

(1)物流自营。企业的物流业务战略程度高,说明物流在企业内核心程度、价值增值性、不可模仿性和随着现代物流技术发展企业物流的发展程度都较高。

(2)管理外包。如果物流在企业中战略程度较高,是企业的核心业务或是近核心业务。这说明企业的价值增值性较高,并得到企业管理层的承认。但是企业现实中并不能很好地实现客户的物流客户价值,这可能是企业对客户的物流需求的理解有偏差,或是企业缺乏专业的物流管理人员团队,在这种情况下,企业将物流全部外包出去可能存在很大的战略性风险,但企业在短时间内又缺乏提高物流效率、增加客户价值的方法。此时,企业积极的方法是保留关键的物流设施设备,引入管理型的第三方物流企业,帮助企业改善物流运作质量。采用管理型外包的企业首先应与第三方物流企业具有战略互补性。企业所缺乏的物流管理和物流技术知识正是 3PL 所拥有的。采用管理外包模式的企业应该加强组织向 3PL 学习,并对物流运作实行信息透明制度,防止 3PL 利用信息优势对企业进行提高成本和降低物流服务质量的欺诈行为。

(3)功能外包。如果企业的物流战略程度不高,说明企业并非以物流为核心业务,物流的增值性也不高,但通过物流的客户价值分析发现,企业的客户价值实现得较好,客户满意度较高,这说明企业对客户的物流需求有了较好的理解,并且对物流的投入较多。同时也说明企业存在一批很好的物流管理人才,这是企业的宝贵财富。此时,继续加强物流管理,而对业务操作性的物流分项功能,企业不再增加物流设施,或是出售自己的物流设施设备,而通过整合市场上存在的基本物流设备,拿来我用,通过高效的协调和整合达到投入最少而收效最多的目的。管理能力较高的企业可以采用功能外包。

(4)一体化外包。如果企业的物流战略程度也不高,最好的解决问题的方式就在于物流外包,并且是功能整合的一体化外包,将自己的非核心业务交给专业的 3PL 企业运行。但特别注意的是,外包并非万全之策,为防止第三方物流企业利用信息的不对称性进行欺诈,企业应加强物流监管,实行透明财务制度,并在企业内部培养物流管理人才,对外包实施和外包后的物流运作进行监控。

4.2.2 客户需求状况

通过对我国第三方物流需求现状及趋势的分析,我国第三方物流需求状况大致如下:

(1)一方面,第三方物流市场潜力巨大,今后需求量将大大增加,即时性的服务需求也将增多,我国物流企业将大有可为;另一方面,目前第三方物流的有效需求还不足,企业由于拥有物流设施,自营物流的比例很大,有待我们的物流企业去主动开发,挖掘潜在的客户需求。

(2)目前第三方物流需求存在着明显的地域和行业分布特点。需求主要来自东部沿海经济发达地区,来自市场发育较成熟的几大行业,而且不同行业有着不同的个性化需求。因此,物流企业要做好市场定位,合理确定业务重点、配置资源,同时兼顾今后第三方物流需求地域扩大的趋势,做好进入新市场的准备。

(3)企业目前对第三方物流服务需求的层次还不高,外包的主要是销售物流业务,服务需求仍集中在传统仓储、运输等基本服务上。物流企业应做好顾客目前及潜在需求的调查，从最基本的服务入手，贴近顾客需求，塑造自身的核心能力，避免盲目追求时髦理念与高层次服务。

(4)企业正逐渐向按需生产和零库存过渡，对成本和服务越来越重视，加上入世后跨国经营将增多，需要快速响应的物流系统和全球化的物流系统来支持。而物流企业要做到这两点，实现信息化运作是关键。要求物流企业一方面要加快自身的信息化建设步伐，另一方面要能够为客户开发出合适的物流信息系统，以实现系统的无缝链接，达到物流运作的高效率。

综上所述，从第三方物流服务需求方的角度来看，可以认为企业物流服务社会化的基本压力已经形成。越来越多的企业从成本的节约、服务的改进与增加灵活性等方面来考虑，已经决定或准备接受第三方物流。从物流服务的供给方来看，传统的运输、仓储、货代等企业，因为行业竞争的加剧、利润率的降低，也纷纷改造或准备向综合物流服务供应商转型。如一些大型传统储运企业中远、中外运、中储以及邮政等近年来通过改变发展战略、重新定位，得到了迅速发展。目前面临的问题是许多物流企业(或准备进入物流市场的企业)在服务水平及物流专业技术与管理能力等方面，与第三方物流的需求还有一定差距，在一定程度上限制了企业对第三方物流服务的需求。因此我国的物流企业应加紧提升自身的水平与能力，跟上第三方物流市场需求的步伐。

4.3　物流管理中的信息化

4.3.1　物流管理信息化的概念和特点

物流信息化是现代物流发展的关键，是物流系统的灵魂，更是主要的发展趋势。在新的世纪，我国确定了实现以信息化带动工业化，以工业化促进信息化的方针，为了推动我国物流业、制造业和商贸流通业的发展，必须大力推升我国物流信息化水平，进而带动制度创新、物流科技创新与商业模式创新。

物流是贯穿着其生产销售始终的全部过程，即从原材料的采购开始，到零部件的生产加工、产品的最后完成，一直到最后进入各级销售渠道，面对最终用户，物流即意味着企业的生产、流通的全部。

物流信息化因此是企业间和企业内部物流过程中所产生数据的全部记录。物流配送中心建设信息系统应充分支持管理者制定物流运作计划和实际的业务操作。尽管现代物流配送中心日趋向多样化和全面化发展，但构成其核心竞争能力或有助于其获取竞争优势的还是其核心业务，如汇集客户的订货信息、从供应商处采购货物、组织货物的入库、配货、分拣、储存、出库、配送等。

首先,信息系统所储存的信息,必须具有容易而又始终如一的可得性(availability),例如关于订货和存货在库或出库状况的信息。可得性的一个方面是信息的录入,信息系统必须能够快速而准确地将众多的以书面为基础的信息转化为电子信息;另一方面是信息系统应能向信息需求方提供简易、快捷获取信息的方式。这样,信息的可得性就能减少配送中心作业上和制定计划上的不确定性。

第二,信息系统提供的信息必须精确地反映配送中心处理货物的当前状况,以衡量配送中心的整体业务运作水平。精确性(accuracy)可以解释为信息系统的报告与配送中心的实际业务运作状况相比所达到的程度。

第三,信息系统必须提供及时、快速的信息反馈。及时性(timeliness)系指一种活动发生时与该活动在信息系统内出现时之间的耽搁。信息的及时性可以减少一些不确定性,并增加了决策的精确性。

第四,信息系统处理异常情况的能动性和主动性。信息系统应该就有强烈的异常性导向,应该利用系统去识别需要配送中心的管理者引起注意的决策,使得管理人员能够把他们的精力集中在最需要引起注意的情况或者能提供的最佳机会来改善配送服务或降低运营成本的情况。

第五,信息系统的灵活性。信息系统必须具有灵活性(flexibility),以满足系统用户和客户的多样化需求。信息系统必须有能力提供能迎合特定客户需要的数据。

第六,系统需具备易操作性。配送中心的信息系统必须友善和容易操作,以便系统管理人员操作使用,也可提升工作效率。

4.3.2 物流管理信息化的意义

信息化是当今世界制造业发展的大趋势。自第一次工业革命以来,全球制造业先后经历了机械化、电气化和信息化三个阶段。信息技术的出现和发展,不仅创造了新兴的电子信息产品制造业,而且通过渗透和辐射,使机械、冶金、化工、纺织、服装等传统制造业的生产方式和经营理念都发生了一系列革命性的变化。进入21世纪以来,新经济的特征日渐突出,生产、流通和消费间的运用网络和组织模式正在发生重大的变化,传统的物流方式向现代的方式转变,加强中国物流信息化的建设与推进,不仅有利于物流企业自身经营理念和管理体制的变革,而且对其他传统的物流仓储、运输等企业的转型都有启示和示范意义。随着通信、计算机软件等信息技术的发展和广泛引用,以及互联网的日益普及,信息化成为信贷物流的普遍特征,信息化操作和管理是整个物流行业发展对物流企业的提出的必然要求,成为重要的支撑和保证。物流信息化就是在物流的各个环节广泛引用信息的技术,具体表现在物流信息的商业化、信息数据的数据化和计算机化，信息传递的标准化和实施化，信息存储的数字化等等。从世界上发达国家走过的历程来看，在工业化发展到一定的阶段，都要向物流信息化的方向发展，我们中国工业化已经基本上到了一个高级的阶段，向物流信息化发展，也是我们未来发展的一个方向，无论是日本、韩国、美国，都是走过了这样一个进程。电子信息、自动控制、现代管理、先进制造等多项高新技术，能够同时调控物流、资金流、信息流，有效提高产品质量和劳动生产率，降低生产成本，加快企业对市场的响应速度，从而大幅度地增强了制造业的竞争力。发达国家的制造业早在20世纪的80年代就基本实现了信息化，现在正在向高度智能化和网络化方向发展。目前各主要国家都在大力推进制造业信息化，以维持自己在世界分工中的有利地位。我们必须把握这个大趋势，并且紧紧咬住，奋起直追。

1.国际上发达国家在物流信息化建设方面的情况

综观国外物流信息化：美国在1988年才真正开始走向现代物流，而日本也是在1992年开始的。尽管如此，现代交通体系的建立已经激发了现代物流的活力。在交通信息化的基础上，国外的现代物流业也获得了巨大的发展。同发达国家相比，我国的交通、物流的信息化水平仍然有近20年的差距。在发达国家的物流发展史中，日本、德国美国是物流信息化发展较快的国家，出现了像不来梅、东京等物流园区典范。德国政府将物流园区的规划建设与交通干线、主枢纽规划建设等统筹考虑，在广泛调查生产力布局、物流现状的基础上，根据各种运输方式衔接的可能，在全国范围内规划物流园区的空间布局、用地规模与未来发展。和日本一样，德国物流园区内的物流企业的现代化发展也得到了很大的重视，各种信息化、自动化、电子化的设施和技术以及现代化的管理模式的应用和推广在促进物流企业发展的同时也进一步推动和加强了物流园区的主导地位。美国的物流配送业发展起步早，经验成熟，尤其是信息化管理程度高，对我国物流发展有很大的借鉴意义。美国物流信息配送中心主要靠计算机管理。业务部通过计算机获取会员店的订货信息，及时向生产厂家和储运部发出要货指示单；厂家和储运部再根据要货指示单的先后缓急安排配送的先后顺序，将分配好的货物放在待配送口等待发运。配送中心24小时运转，配送半径一般为50公里。目前国内外对智能交通系统的理解不尽相同，但不论从何种角度出发，有一点是共同的：智能交通系统是用各种高新技术，特别是电子信息技术提高交通效率，增加交通安全性和改善环境的技术经济系统。美国交通部长将智能交通系统称作交通发展的一次革命。据称，美国每年投入2.13亿美元用于智能交通系统的试验和部署，在其75个大城市中，已有36个城市拥有中等或高水平的智能交通系统，还有10个城市也即将具备。以美国为例：20世纪90年代以来该国电子商务如火如荼地发展,使现代物流上升到前所未有的重要地位。据统计,1999 年美国物流电子商务的营业额达到 80 亿美元以上。电子商务带来的这种交易方式的变革,使物流向信息化、网络化进一步发展。此外,专业系统的推广使美国物流管理实现了智能化,提高了整体效果。欧洲的物流信息化也取得了显着的成果。考虑到成本因素,一些跨国公司纷纷在劳动力低廉的亚洲地区建立生产基地。在物流过程中,欧洲物流企业的需求信息直接从顾客消费地获取;采用在运输链上实现组装的方式,使库存量实现极小化。信息交换采用 EDI 系统,产品跟踪应用射频标志技术,信息处理广泛应用互联网和物流服务方提供的软件。目前,电子物流正在欧洲兴起。

2.我国物流信息化建设的现状

在利用信息通信技术发展现代化的交通、物流方面,我国仍处于初期探索阶段。相比之下,国外许多国家和地区已经取得了非凡的成就。现代化的技术手段帮助交通、物流行业实现了脱胎换骨的转变,实现了高效的运作,在社会和经济两方面都取得了巨大的效益。我国目前的商品经济比较发达,但物流配送明显滞后。长期以来,商流与物流分割,严重影响了商品经营和规模效益。实践证明,市场经济需要更高程度的组织化、规模化和系统化,迫切需要尽快加强建设具有信息功能的物流配送中心。发展信息化、现代化、社会化的新型物流配送中心是建立和健全社会主义市场经济条件下新型流通体系的重要内容。我国是发展中国家,要借鉴发达国家的经验和利用现代化的设施,但目前还不可能达到发达国家物流配送中心的现代化程度,只能从国情、地区情况、企业情况出发,发展有中国特色的新型物流配送中心。随着电子商务的日益普及,中国的物流配送业一定会按照新型物流配送中心的方向发展。

4.3.3 物流管理信息化的核心

随着物流引起社会各方面的关注和重视,我国许多地方政府积极筹划发展现代物流业。我国物流经济运行呈快速发展的态势,幅度明显高于同期 GDP 增幅,但是也有专家警告说,我国现代物流业仍然处于初级阶段,运输规模与库存成本之间的矛盾、配送成本与顾客服务水平之间的矛盾、中转运输与装卸搬运之间的矛盾等,都是我国建设现代物流系统所面临的问题。专家指出,解决这些矛盾,需要利用现代信息技术对上述物流环节进行功能整合,联合运输、共同配送、延迟物流、加工-配送一体化等都是物流功能整合的有效形式。

物流信息化通过物流信息网络,使物流各环节上的成员能实现信息的实时共享。沃尔玛在全球第一个实现集团内部 24 小时计算机物流网络化监控,建立全球第一个物流数据处理中心,使采购、库存、订货、配送和销售一体化,在物流信息实时反应的网络条件下，物流各环节成员能够相互支持，互相配合，以适应激烈竞争的市场环境。这正是信息技术成为现代物流企业核心竞争力的典范。近年来基础环境和信息平台明显改善，特别是 2006 年，我国物流信息化建设进度加快，已经取得了巨大进展，特别是在基础环境和平台改善方面。2006 年中国物流行业信息化投入总体规模达到 33.56 亿元人民币，比上年同期增长 27.5%。

物流信息化的基础环境得到明显改善。以九部委《关于促进我国现代物流业发展的意见》一文为代表，各级政府已把物流信息化作为一项基础建设纳入规划。根据《国民经济和社会发展第十一个五年规划纲要》的基本精神，全国很多省级、市级乃至县级地区都相继出台了“十一五”物流规划，对“十一五”期间本地区现代物流的发展进行战略性部署，提出明确目标。在国家的中长期科技规划研究中，把信息化和标准化列为物流科技最主要的两大关键技术。

物流公共信息平台的建设有了新的进展。例如交通部的三大平台建设——联网收费、安全监控（建设质量安全监控和水上运输安全监控）、公共信息服务——取得了新的进展。在科技部“十五”期间确定的 10 个智能交通系统示范城市中，几乎都将交通综合信息平台的研究开发作为示范工程的重要组成部分，目前各个城市都取得了一定的进展，部分城市已开始进入实施阶段。除了物流中涉及的诸如通关、税收、交通、保税监管等主管部门的电子政务平台建设和应用外，已经出现了一些跨部门的合作，例如商务部与海关、银行的电子政务平台合作，正在把与内外贸业务有关的企业安全证书逐步过渡到电子口岸统一身份认证系统，建立“一卡通”和一体化服务体系。此外，在技术服务方面如数据交换平台、GPS/GIS、利用手机通信网络进行定位/跟踪的信息系统等方面都有许多应用案例出现。

特别值得一提的是，电子政务的发展对于物流信息化的促进作用开始显现出来。今年以来，公共服务和政府监管方面开始成为电子政务的重点。越来越多的高速公路联网收费的开通，实现了高速公路由分段建设、分割式管理向综合管理、网络化管理的转变，为探索完善高速公路管理体制和新的运营模式提供了经验。江苏省建立的“绿色通道”通关信息系统，高新企业出口可享受提前报关、联网报关、快速转关、上门验放、加急通关和担保验放等六大便利。此外，这些数据的积累也有助于社会诚信体系的建设。虽然我国物流信息化建设进展迅速，但是国内企业对信息化需求的层次不高，缺乏专业物流信息化人才，物流信息化实施成本仍然较高，没有统一的信息化实施标准，这四大问题将在未来几年制约我国物流信息化的发展。随着我国生产力水平的提高，物流产业技术进步与创新步伐加快，物流企业通过整合交通运输、仓储、配送等环节，加速实现多式联运全程物流服务；同时，以现代信息技术、管理技术、运输技术、仓储技术为基础的集成化、一体化物流服务将加快发展。专家指出，未来物流信息化将呈现四大热点：

物流相关信息技术如RFID、系统整合技术、商业智能(BI)技术等将取得突破。RFID技术可能会在一些局部、区域性系统的应用上取得突破，有关的标准化体系建设也将在应用中逐步成熟，更值得关注的是，RFID技术对商业模式和物流流程带来的革命性变化。系统整合技术更受关注，既包括系统的总体设计和建模方法，也包括系统的开发工具和运营平台的日趋成熟，平台化和基础功能标准件的结构越来越成为管理软件的必然选择。商业智能(BI)技术的应用开始起步。一些有数据积累和信息化管理经验的企业开始进一步提升其管理及决策的水平，更深入地挖掘数据、寻求规律，目前可以预期的方法论有两大类，以数据为基础的识别法建模和以经验为基础的先验法建模。

物流信息化与标准化的结合将更加紧密。标准化将进入信息系统的基本结构、基本功能模块、信息系统处理的单证以及相关的物流术语等等，此外还会涉及信息技术和设备的标准。目前，我国国家物流标准化体系的建设相当不完善，尽管已建立了物流标识标准体系，并制定了一些重要的国家标准，如《商品条码》《储运单元条码》《物流单元条码》等，但这些标准的应用推广存在着严重问题。以《储运单元条码》为例，应用正确率不足15%。这种情况严重制约了我国物流业的发展。

供应链管理的信息系统应用发展比预计的要快。供应链管理系统将呈现两个明显的特点，一是业务范围更广，不仅有物流，还有商流甚至资金流，服务内容是根据客户的要求来扩展的，个性化特点也更突出；二是要求信息系统的开放性更高，要与客户的系统相衔接、相整合，实现业务的协同。

物流信息化技术和服务供应商的盈利模式可能会发生重大改变。传统的信息系统供应商将从制造商销售产品的角色转变为服务商，帮助客户使用信息技术获得效益。在市场竞争中，共性的、基础性的服务将被整合，趋于标准化、规模化，与此同时，中小供应商将在市场细分和专业化方向寻求发展。市场竞争会给客户带来更好的技术和服务。

专家指出，传统物流只有融合信息技术才能称之为现代物流，物流企业信息化已是现代物流企业的核心，是现代物流企业发展的必然要求和基石。面对外资物流企业的涌入，我国物流企业应抓住机遇，提升物流企业信息化的层次，强化自身的核心竞争力。

4.3.4　物流管理信息化实施的关键因素

木桶理论中,决定效率的关键是在那块“短板”上,当我们用这个理论去看电子商务时,这个“短板”,无疑就在第三方物流环节上。既然电子商务是典型的信息化手段,那么,高效率、低成本的物流是电子商务的关键,信息化手段同样也应作用于第三方物流上。

物流已成电子商务“短板”,第三方物流是实现电子商务的重要条件。电子商务通过现代信息技术手段运用来实现商品交易以及交易管理等活动,并实现高效率、低成本、网络化和全球化。电子商务的核心优势是最大程度地方便了最终消费者,第三方物流提供的物流服务更多样化、更快捷、服务水平更高,帮助企业节约了物流成本,提高了物流效率。

一般情况下,与企业自营物流相比,一方面,电子商务发展形成的巨大物流需求促进了第三方物流的发展。电子商务的强大竞争优势,使得越来越多的企业运用电子商务手段来改造传统流通渠道,从而引发了流通模式的变革,使得企业对第三方物流的需求增多。另一方面,电子商务的成本、电子商务的实现决策,简化了物流过程,极大地提高了物流效率。

电子商务要求物流发展成为一种迅速、高质量、低成本的产品配送,为客户提供独特供应链解决方案服务。但目前我国第三方物流企业大多仍是各自为政,企业小、少、弱、散,功能单一,管理水平不高,技术服务水平低,这就决定了我国物流企业无法应对加入 WTO 后出现的跨国物流公司的竞争。一旦缺少了高效率、低成本的物流保障体系,电子商务的这种优势就无法得到集中体现。目前,在电子商务交易中,商流、资金流、信息流的处理都可以通过计算机和网络通信设备来实现,只有物流环节目前除少数商品和服务可通过网络传输实现外,大部分仍需通过传统的物流运输实现配送。物流环节无疑是电子商务的“短板”。

据初步统计,在我国,由于大部分第三方物流企业在运营中不能有效集成各个物流环节,因此无法达到缩短时间、降低成本的目的。使用第三方物流服务的客户对我国第三方物流服务不满的比例已经超过 30%。如何解决电子商务环境下新的物流瓶颈?我们可以清晰地看到,物流发展中的“短板”正是信息技术的应用。能够适应市场的需求,与客户双赢的真正有效的第三方物流,应该是建立在信息化技术基础之上的,这才是解决我国电子商务环境下现代物流发展瓶颈的关键所在。

第三方物流信息化重在集成有数据显示,物流行业当中,仓储企业的利润率只有3%～5%，运输企业的利润率也只有2%～3%，其中因通信费、交通费和信息延误增加的成本占了很大比例。因此，行业企业和相关机构都在呼吁并积极寻找有效的企业信息化手段，然而能实现低成本、高效率的方法实在有限：国内企业传统手机短信业务的信息承载能力太低，难以满足应用需要；国外大型物流公司通过搭建自己的对讲网络可以大大提高效率，但成本昂贵，国内企业难以承担。

专家指出，第三方物流信息化的本质是集成，集成体现在信息的共享和过程的优化上。第三方物流信息化之所以成为关键突破口，在于能充分理解现代物流的本质及其所具有的服务功能，从中发现有价值的物流运作新思路、新理念，并为企业所用。在电子商务环境下，第三方物流的发展强调利用信息化手段，借助电子商务平台，通过实现物流基本信息的维护与管理，以及与服务供应商、客户的信息交互，优化决策、部门评价、财务管理等各项职能来优化物流企业管理，以更好地为客户提供物流服务。

第三方物流在信息化的帮助下，能提供一整套完善的供应链解决方案，具有统一的、能实现客户价值最大化的方案设计、实施和运作能力。第三方物流信息化运作主要表现在第三方物流企业与电子商务企业的协同运作以及第三方物流解决方案在企业信息化平台下集成运作模型上。第三方物流企业与信息技术公司、电子商务公司等通过现代信息技术手段，采用商业合同或战略联盟的方式合作，共同开发市场。信息化下的第三方物流利用电子商务平台与供应链系统集成，物流信息系统同生产企业ERP系统的采购、生产、销售等系统模块集成，不仅可以保障生产企业即时生产系统的快速应对能力，而且无论是生产企业还是物流企业，都能通过库存“虚拟化”管理最大限度地降低库存成本。

在经济全球化发展中，现代企业物流的作用越来越突出。现代物流是企业供应链中的一部分，是为了满足客户的需要将物品、服务和相关信息从原始点向消费点有效益地流动以及存储的计划、执行和有效控制的过程。现代企业物流信息化，则是适应经济全球化与市场一体化的要求，充分运用信息化手段和现代化方式，对物流市场做出快速反应，对资源进行快速整合，并使物流、资金流和信息流最优集成的管理模式与创新。对于现代物流业来说，信息是未来物流竞争优势的关键要素，信息技术是现代物流发展的核心技术，物流信息系统的发展要摆到区域物流发展的重要位置，这是世界物流发展的经验。专家认为，现代物流与传统物流的本质区别就在于，在现代物流中“信息”是第一要素，它取代了传统物流中“运力”的第一要素的地位，因此物流信息系统是发展现代物流的支柱。我国企业需要从六个方面加速物流信息化，实现物流现代化，加快物流效益提升。①加速企业物流市场信息化，构筑网络物流与物流网络平台；②加速物流关系管理信息化组建企业"链型"物流新模式；③加速物流配送信息化建立企业物流支撑体系；④加速物流信誉贯通信息化打造企业物流品牌；⑤加速定制物流信息化，创新企业流程再造；⑥加速物流核算管理信息化，有效提高企业物流效益。

4.3.5　物流运载调度主要业务逻辑

1. 物流基础资料管理流程

物流基础资料主要包括线路信息、托运客户资料、托运客户收发货地址、承运商信息、运营点、司机信息、车辆信息等。物流基础资料管理流程如图4.1所示。

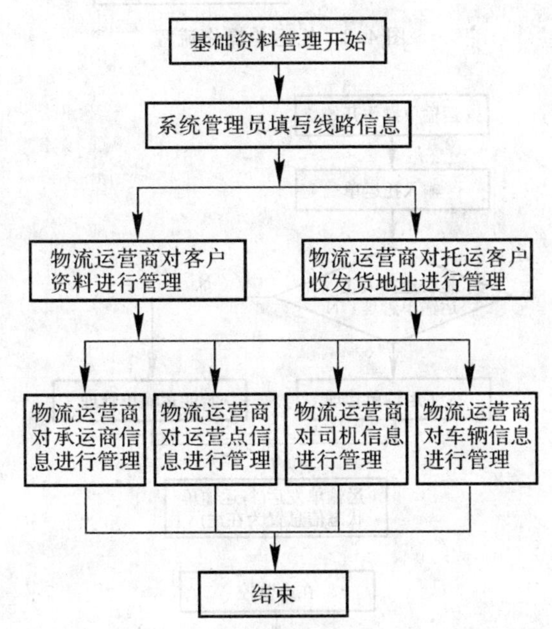

图4.1　物流基础资料管理流程

2. 托运单操作流程

托运单操作主要包括托运单申请、托运单审核、托运单查询、退货申请等。托运单操作流程如图4.2所示。

3. 运输单操作流程

运输单操作主要包括人工或者智能生成运输单、运输单发运、在途监控运输单等。运输单操作流程如图4.3所示。

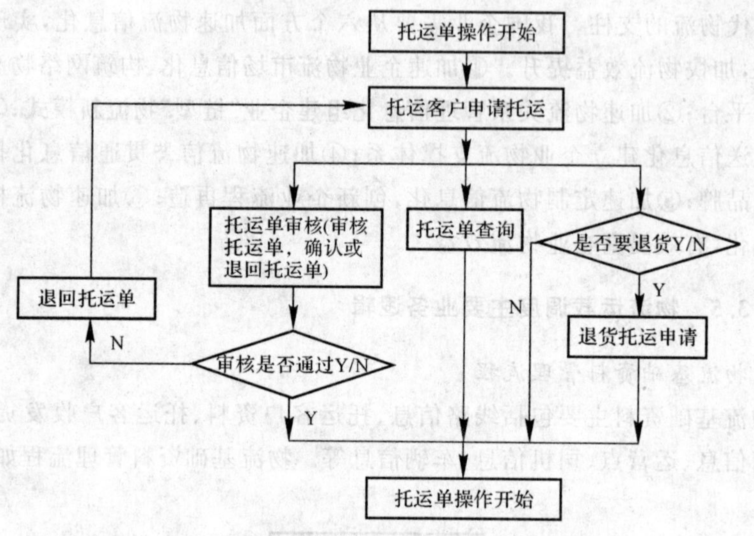

图 4.2　托运单操作流程

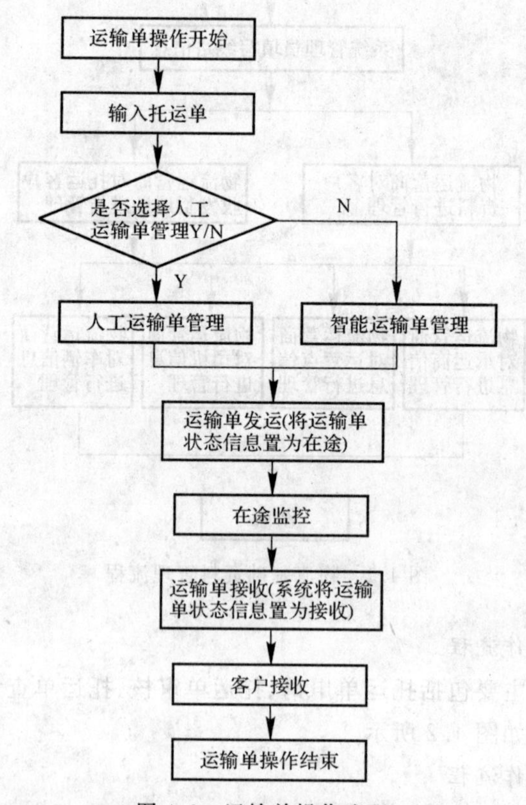

图 4.3　运输单操作流程

第5章 仓储库房管理部分

5.1 什么是仓储库房

5.1.1 仓储的概念

仓储是“对物品进行保存及对其数量、质量进行管理控制的活动”。它是物流系统的一个子系统，在物流系统中起着缓冲、调节和平衡的作用。仓储和运输长期以来被看作物流活动的两大支柱。

仓储的目的是为了克服产品生产与消费在时间上的差异，使物资产生时间效果，实现其使用价值。因为在产品从生产领域进入消费领域之前，往往要在流通领域停留一定时间，这就是形成了商品储存。之所以通过仓储，就是使商品在最有效的时间段发挥作用，创造商品的“时间价值”和“使用价值”。利用仓储这种“蓄水池”和“调节阀”的作用，还能调解生产和消费的失衡，消除过剩生产和消费不足的矛盾。

5.1.2 仓储的功能

从物流的角度看，仓储的功能分为基本功能和增值功能。仓储的基本功能是存储功能、调解功能、保管和养护功能。仓储的增值服务功能是指利用物品在仓库的存储时间，开发和开展多种服务来提高仓储附加值、促进物品流通、提高社会效益的功能，主要包括了流通加工、配送、配载、交易中介等功能。

1.仓储的基本功能

(1)存储功能。存储保管是仓储最基本的功能，是仓储产生的根本原因。存储的目的是确保存储物的价值不受损害，在存储过程中存储物所有权属于存货人。

(2)调节功能。仓储在物流中起着“蓄水池”“火车站”的作用，一方面仓储可以调解生产和消费的平衡，使它们在时间和空间上得到协调，保证社会再生产的顺利进行；另一方面，由于不同的运输方式在运向、运程、运力和运输时间上存在着差异，一种运输方式一般不能直接将货物运达目的地，需要在中途改变运输方式、运输路线、运输工具等，而且为协调运输时间和完成物品倒装、转运、分装、集装等物流作业，还需要在物品运输的中途停留。通过仓储的调节，实现了物品从生产地向销售地的快速转移。调节控制的任务就是对物品进行仓储还是流转做出安排,确定存储时间和存储地点。

(3)保管检验功能。仓储保管一方面是对存货人交付保管的仓储物的数量和提取仓储物的数量、质量进行保管,尽量保持与原保管物一致;另一方面是按照存货人的要求分批收货和分批出货,对储存的货物进行数量控制,配合物流管理的有效实施;同时向存货人提供一定数量的服务信息,以便客户控制存货,提高物品的效用。为了保证物品的数量和质量,分清事故责任,维护各方面的经济利益,对物品必须进行严格的检验,以满足生产、运输、销售以及用户的要求,仓储为组织检验提供了场地和条件。

(4)养护功能。根据收货时仓储物的质量交还其保管人的基本义务。为了保证仓储物的质量不变,保管人需要采用先进的技术、合理的保管措施,妥善地保管仓储物。仓储物发生危险时,保管人不仅要及时通知存货人,还需要及时采取有效措施减少损失。

2.仓储增值服务功能

仓储增值服务是现代物流发展的结晶。产品增值包含两方面的含义:一是衔接好仓储环节和生产运输环节,实现物品“无缝”流转,降低成本,缩短产品在流通环节的总时间,加速产品价值的实现;二是采用生产延迟、运输延迟的策略,针对不同行业和产品,把产品的粗加工、包装、贴标签等作业在物流停滞期间完成,既能为上下游的生产、运输环节提供直接便利,又可以使仓储作业从单一的保值功能发展为增值、保值合一的功能多元化,从而大大提高仓储的直接效益。仓储增值服务功能主要包括流通加工、配送、配载、交易中介等功能。

(1)流通加工。仓储期间可以通过简单的制造、加工活动来延期或延迟生产,提高物品附加值。通过流通加工,可以缩短生产时间、节约材料、提高成品率、保证供货质量和更好地为消费者服务,实现产品从生产到消费之间的价值增值。

(2)配送。随着现代科技的发展,商家、消费者订货可以通过网络等途径完成,但产品从生产者到消费者手中必须经过物流环节,通过仓储配送可以缩短物流渠道,减少物流环节,提高物流效益,促进物流的合理化,实现物品的小批量送达。仓储配送业务的发展有利于生产企业降低存货,减少固定资金的投入;有利于商业企业减少存货,既能降低流动资金使用量,又能保证销售。

(3)配载。配载是对使用相同运输工具和运输线路的货物进行合理安排,使少量的货物实现整车运输,是仓储活动的一个重要内容。通过对运输车辆进行配载,确保配送的及时和运输工具的充分利用。

(4)交易中介。仓储经营人利用大量存放在仓库的有形物品,以及与各类物品使用部门业务的广泛联系,开展现货交易中介,扩大货物交易量,加速仓储物的周转和吸引新的仓储业务，提高仓储效益。同事还能充分利用社会资源，加快社会资金周转，减少资金沉淀。交易中介功能的开发是仓储经营发展的重要方向。

5.1.3　仓储的分类

仓储的本质都是为了物品的储藏和保管，但由于经营主体、仓储对象、经营方式和仓储功能的不同，仓储又可以分成如下类别：

1.按仓储经营主体划分

(1)企业自营仓储。企业自营仓储包括生产企业自营仓储和流通企业的自营仓储。生产企业自营仓储是指生产企业使用自由的仓库设施对生产使用的原材料、生产半成品、最终产品实施储存保管的行为。其存储的对象较为单一，以满足企业自身生产为原则。流通企业自营仓储对象较多，其目的是支持销售。企业自营仓储不开展商业性仓储经营，行为不具有独立性，仅仅为企业的产品生产或经营活动服务。仓库规模小、数量多、专业性强，而仓储专业化程度低，设施简单。

(2)公共仓储。公共仓储是公用事业的配套服务设施，如为车站、码头提供仓储配套服务的仓储，其运作的主要目的是保证车站、码头的货物周转，具有内部服务的性质，处于从属地位。但对于存货人而言，公共仓储也适用于营业仓储关系，只是不独立订立仓储合同，而是将关系列在作业合同之中。

(3)战略储备仓储。战略储备仓储是国家根据国家安全、社会稳定的需要，对战略物资实行储备而产生的仓储。战略储备由国家政府进行控制，通过立法、行政命令的方式进行。战略储备物资存储的时间较长，以储备品的安全性为首要任务，战略储备物资主要有粮食、能源、有色金属等。

2.按仓储对象划分

(1)普通物品仓储。普通物品仓储是指不需要特殊保管条件的物品仓储。如普通的生产物资、生活用品、工具等杂货类物品，不需要针对货物设置特殊的保管条件，采取无特殊装备的通用仓库或货场存放。

(2)特殊物品仓储。特殊物品仓储是指在保管中有特殊要求和需要满足特殊条件的物品仓储，如危险品仓储、冷酷仓储、粮食仓储等。特殊物品仓储一般为专用仓储，按物品的物理、化学、生物特性以及法规规定进行仓储建设和实施管理。

3.按经营方式划分

(1)保管式仓储。保管式仓储又称纯仓储，是指以保持保管物原样不变为目标的仓储。存储人将特定的物品交给保管人进行保管，到期保管人将原物交还给存货人，保管物所有权不发生变化。即保管物除了所发生的自然损耗和自然减量外,数量、质量、件数不发生变化。保管式仓储又分为仓储物独立的保管仓储和将同类仓储物混合在一起的混藏式仓储。

(2)加工式仓储。加工式仓储是指保管人在仓储期间根据存货人的要求对保管物进行一定的加工的仓储方式。保管物在保管期间,保管人根据委托人的要求对保管物的外观、形状、尺寸等进行加工,使仓储物按照委托人的要求变化。

(3)消费式仓储。消费式仓储是保管人在接受保管物的所有权后,保管人在仓储期间有权对仓储物行使所有权。在仓储期满,保管人只要将相同种类和数量的替代物交还给委托人即可。消费式仓储实现了保管期较短(如农产品)、市场供应价格变化较大的商品的长期存放,因此能实现商品的保值和增值,是仓储经营人利用仓库开展仓储经营的重要发展方向。

4. 按仓储功能分类

(1)存储功能。存储功能是指物资需要较长时间存放的仓储。由于物资存放时间长,单位时间存储费用低廉就很重要。一般应该在较为偏远的地区进行储存。储存仓储在物资较为单一、品种上,但存量大、存期长,因此要特别注意物资的质量保管。

(2)物流中心仓储。物流中心仓储是以物流管理为目的的仓储活动,是为了实现有效的物流管理,对物流的流程、数量、方向进行控制的结合部,实现物流的时间价值。一般在交通较为便利、存储成本较低的经济发达地区,采取批量入库、分批出库的形式。

(3)配送中心仓储。配送中心仓储,是商品在配送交付消费者之前所进行的短期仓储,是商品在销售或者供生产使用前的储存。在该环节进行物品销售或者使用的前期处理,如进行拆包、分拣、组配等作业。配送中心仓储一般在商品的消费区内进行,仓储物品品种繁多,批量少,需要一定量进货、分批少量出库操作,主要目的是为了支持销量,注重对物品存量的控制。

(4)运输转换仓储。运输转换仓储是衔接不同运输方式的仓储活动。在不同运输方式的相接处进行,如港口、车站仓库等场所进行的仓储,是为了保证不同运输方式的高效衔接,减少运输工具的装卸和停留时间。运输转换仓储具有大进大出的特点,货物存期短,注重货物的周转作业效率和周转率。

5.2 仓储管理在物流管理中的地位

5.2.1 仓储在物流操作中的作用

从某种意义上讲,仓储管理在物流管理中占据着核心的地位。从物流的发展史可以看出,物流的研究最初是从解决“牛鞭效应”开始的,即在多环节的流通过程中，由于每个环节对于需求的预测存在误差，因此随着流通环节增加，误差被放大，库存也就越来越偏离实际的最终需求，从而带来保管成本和市场风险的提高。解决这个问题的思路，从研究合理的安全库存开始，到改变流程，建立集中的配送中心，以致到改变生产方式，实行订单生产，将静态的库存管理转变为动态的JIT配送，实现降低库存数量和周期的目的。在这个过程中，尽管仓库越来越集中，每个仓库覆盖的服务范围越来越大，仓库吞吐的物品越来越多，操作越来越复杂，但是仓储的周期越来越短，成本不断递减的趋势一直没有改变。从发达国家的统计数据来看，现代物流的发展历史就是库存成本在总物流成本中所占比例逐步降低的历史。

从许多微观案例来看，仓储管理已成为供应链管理的核心环节。这是因为仓储总是出现在物流各环节的接合部，例如采购与生产之间，生产的初加工与精加工之间，生产与销售之间，批发与零售之间，不同运输方式转换之间等等。仓储是物流各环节之间存在不均衡性的表现，仓储也正是解决这种不均衡性的手段。仓储环节集中了上下游流程整合的所有矛盾，仓储管理就是在实现物流流程的整合。如果借用运筹学的语言来描述仓储管理在物流中的地位，可以说就是在运输条件为约束力的情况下，寻求最优库存（包括布局）方案作为控制手段，使得物流达到总成本最低的目标。在许多具体的案例中，物流的整合、优化实际上归结为仓储的方案设计与运行控制。

这里必须说明一点，传统物流与现代物流差别最大的也是体现在库存环节上。传统的仓储业是以收保管费为商业模式的，希望自己的仓库总是满满的，这种模式与物流的宗旨背道而驰。现代物流以整合流程、协调上下游为己任，静态库存越少越好，其商业模式也建立在物流总成本的考核之上。由于这两类仓储管理在商业模式上有着本质区别，但是在具体操作上如入库、出库、分拣、理货等又很难区别，所以在分析研究必须注意它们的异同之处，这些异同也会体现在信息系统的结构上。

5.2.2　影响仓储成本的因素以及仓储定价的原则

仓储成本包括仓库租金、仓库折旧、设备折旧、装卸费用、货物包装材料费用和管理费等。影响仓储成本的因素有很多，以下为主要因素：

1. 商品的堆存期

物流需求方的商品在物流中心的堆存时间是影响仓储成本的一个因素，商品在物流中心堆存的时间越长，累计占用的仓库面积越大，仓储成本越高。

2. 商品的堆存量

物流需求方的商品在物流中心堆存的数量越多，占用的仓库面积越大，且入库、出库的工作量也越大，仓储成本越高；如果商品的堆存高度越高，占用的仓库面积越小，也会影响到仓储成本。

3. 商品的周转率

在库商品的周转率越低，商品在仓库的平均堆存天数越高，占用仓库的面积越多，占用仓库的时间越长，仓库的利用率越低，仓储成本会越高。

4. 商品的积载因数

商品的积载因数影响到仓库的利用率，商品的积载因数越高，表示每吨货所需占用的库容量也越大，仓库的利用率降低，仓储成本升高。

5. 商品的品种

物流需求方的商品的品种越多，需要码的垛就越多，实际占用仓库的面积越大，仓库的利用率就越低，仓储成本越高。

6. 商品的保管条件

按照商品不同的保管要求，有些商品对温度要求很高，如：奶制品、熟食品等，需要仓库配备相应的冷藏措施；有些商品对湿度也有要求，如糕点、饼干类产品要求仓库通风性强，保持干燥。仓库为满足不同客户的商品储存要求，需配备相应的设施、设备，仓储成本会随之升高。

通过以上分析可归纳出制定仓储价格的准则：

(1)在周转率一定的情况下，客户商品日均库存量越高，仓储价格应越高；客户商品日均库存量越低，则仓储价格应越低，旨在鼓励客户增加货品的流通速度。

(2)在日均库存量一定的条件下，周转率越高，仓储价格越低。

(3)在日均库存量、库存周转率一定的情况下，品种数越多，仓储价格越高。

另外，还有其他制约仓储价格的因素，如：商品的堆放条件，这影响到仓库的实际使用空间；商品所需的保管条件，有的商品需要冷藏，有的商品需要通风、恒温，这影响到仓库的投入成本；商品的品种，商品不同的品种在仓库中储放时，需要码不同的垛型，这就影响到了仓库的使用面积，使仓库的使用率降低。因此，在制定价格时，不仅要考虑到影响价格的重要因素，还应综合其他相关的因素，这样才能合理定价。

5.2.3　仓储在物流成本管理中的作用

物流成本是商品在实物运动过程中所耗费的人力、财力和物力的总和，具体可分为仓储成本、运输成本、配送成本等。物流成本管理是以成本为手段的物流管理。

仓储是物流系统中的重要环节，在仓储活动中，储存商品会增加仓库建设、仓库管理、仓库工作人员工资与福利等费用的开支，同时，储存的商品占用一定资金，又使企业产生一定的机会损失；近年来，为分摊风险，对储存商品投保而缴纳保险费的比例逐渐增加；此外，商品在储存过程中，由于受各种因素的影响,会使其质量发生变化,甚至失去使用价值。这样,无疑会使商品产生跌价损失。上述种种仓储费用的支出,使得仓储成本增加。

仓储常常被称作为"第三利润源"的重要源泉之一,仓储费用的增加,必然会冲减利润,从而导致企业经济效益的降低。因此,采取各种有效的方法,合理地安排仓储,减少装卸搬运环节,提高作业效率,最大限度地发挥仓储设施的效用、确保商品质量完好和数量准确,是加强仓储费用的管理,降低仓储成本的有效途径,也是物流成本管理的重要方面。

5.2.4　仓储管理的主要内容

仓储管理的内容应该包括三个部分:仓储系统的布局设计、库存最优控制、仓储作业操作。这是三个层面的问题,彼此又有联系。

仓储系统布局是顶层设计,也是供应链设计的核心。就是要把一个复杂纷乱的物流系统通过枢纽的布局设计改造成为"干线运输＋区域配送"的模式,枢纽就是以仓库为基地的配送中心。在相应的信息系统设计中,表现为"联库管理"的模式,分为集中式、分布式和混合式三类,其中配送中心的选择和设计是整个系统布局的关键。这部分内容通常并不包含在仓储信息系统WMS之中,但是对于布局设计变化的适应性、通用性也会成为客户选择WMS的一个重要依据。

库存的最优控制部分是确定仓库的商业模式的,即要(根据上一层设计的要求)确定本仓库的管理目标和管理模式,如果是供应链上的一个执行环节,是成本中心,多以服务质量、运营成本为控制目标,追求合理库存甚至零库存;如果是独立核算的利润中心,则是完全不同的目标和管理模式,除了服务质量、运行成本外,更关心利润的核算,因此计费系统和客户关系管理成为其中极其重要的组成部分,因为在计费系统中固化了市场营销的战略和策略。

仓储作业的操作是最基础的部分,也是所有 WMS 最具有共性的部分,正因为如此,仓储作业的操作信息化部分成为 WMS 与其他管理软件如进销存、ERP 等相区别的标志。这部分内容不仅要根据上一层确定的控制目标和管理模式落实为操作流程,还要与众多的专用仓储设备自动控制系统相衔接,所以是技术上最复杂的部分。国产 WMS 与国外先进的仓储软件相比,最大的差距可能也就在这里,市场价格会相差数十倍、上百倍,也是这个原因。

5.2.5　WMS(仓储管理系统)在我国的应用

仓储管理系统(WMS)是仓储管理信息化的具体形式,它在我国的应用还处于起步阶段。目前在我国市场上呈现出二元结构:以跨国公司或国内少数先进企业为代表的高端市场,其应用 WMS 的比例较高,系统也比较集中在国外基本成熟的主流品牌;以国内企业为代表的中低端市场,主要应用国内开发的 WMS 产品。下面主要结合中国物流与采购联合会征集的物流信息化优秀案例,从应用角度对国内企业的 WMS 概况做一个分析。

1. WMS 分类及在我国现有的应用

第一类是基于典型的配送中心业务的应用系统,在销售物流中如连锁超市的配送中心,在供应物流中如生产企业的零配件配送中心,都能见到这样的案例。北京医药股份有限公司的现代物流中心就是这样的一个典型。该系统的目标,一是落实国家有关医药物流的管理和控制标准 GSP 等,二是优化流程,提高提高效率。系统功能包括进货管理、库存管理、订单管理、拣选、复核、配送、RF 终端管理、商品与货位基本信息管理等功能模块;通过网络化和数字化方式,提高库内作业控制水平和任务编排。该系统把配送时间缩短了 50%,订单处理能力提高了一倍以上,还取得了显著的社会效益,成为医药物流的一个样板。此类系统多用于制造业或分销业的供应链管理中,也是 WMS 中最常见的一类。

第二类是以仓储作业技术的整合为主要目标的系统,解决各种自动化设备的信息系统之间整合与优化的问题。武钢第二热轧厂的生产物流信息系统即属于此类,该系统主要解决原材料库(钢坯)、半成品库(粗轧中厚板)与成品库(精轧薄板)之间的协调运行问题,否则将不能保持连续作业,不仅放空生产力,还会浪费能源。该系统的难点在于物流系统与轧钢流水线的各自动化设备系统要无缝连接,使库存成为流水线的一个流动环节,也使流水线成为库存操作的一个组成部分。各种专用设备均有自己的信息系统,WMS 不仅要整合设备系统,也要整合工艺流程系统,还要融入更大范围的企业整体信息化系统中去。此类系统涉及的流程相对规范、专业化,多出现在大型 ERP 系统之中,成为一个重要组成部分。

第三类是以仓储业的经营决策为重点的应用系统,其鲜明的特点是具有非常灵活的计费系统、准确及时的核算系统和功能完善的客户管理系统,为仓储业经营提供决策支持信息。华润物流有限公司的润发仓库管理系统就是这样的一个案例。此类系统多用于一些提供公仓仓储服务的企业中,其流程管理、仓储作业的技术共性多、特性少,所以要求不高,适合对多数客户提供通用的服务。该公司采用了一套适合自身特点的 WMS 以后,减少了人工成本,提高了仓库利用率,明显增加了经济效益。

上述三类 WMS 只是从应用角度来做的一个简单分类。第一类 WMS 比较标准,但是并非所有企业就能一下子用起来。第二类是企业内部物流发展进程中经常会用到的,当生产企业或商贸企业在推进其信息化的时候,物流部分往往先从自动化开始,然后与企业的其他信息系统整合起来。第三类则是传统仓储企业向现代物流业过度的进程中经常会见到的情况。WMS的这些分类反映了我国物流需求还不很成熟的现状,所以各自有其用武之地。

2. WMS能够实现的功能

(1)库位的设定。计算机可以根据仓库的实际情况,自动生成三维立体仓库模型,提供后续的可视化操作。

(2)库位的安全库存和物品的最低存量。对仓库的最大库存量进行设置,确保仓库存储量的最大化以满足客户的要求,同时对一些客户的仓储物品的最低库存量进行设置,以确保客户的生产需要以便随时根据实际情况对安全库存量进行设定。

(3)入库管理。根据入库申请单对入库信息的预录入,经过审核确认后进行库位的分配,从而完成实际入库操作。可以通过射频技术完成入库的操作,并根据客户、物品进行自动库位的安排。

(4)出库管理。根据客户的实际要求和客户的实际库存情况,提前做出准备,一旦确定出库后,以最快的速度完成出库,并对出库申请进行审核,以保证出库物品的正确。同时对客户的库存物品的最低库存进行动态评估。

(5)库内移动。对库存物品的存放合理性进行人工调整,使仓库的利用率最大化,节约仓储成本,降低客户的资金压力,有利于满足客户实际需求,同时提高物流企业的竞争力。

(6)费用结算管理。对发生的实际费用(比如仓储费用等)进行管理,并将有关费用数据自动转到具体费用处理部门,与客户进行费用结算。

(7)统计分析管理。实现对入库和出库的数据进行统计,并随时可以掌握目前的库存动态;可以实现对客户的评测并对操作人员的工作成绩进行考评。根据入库和出库的数量和频繁程度,实现对重点客户的跟踪,以及对业务增长型客户进行挖掘。

5.2.6　WMS目前的发展动向和技术

从中外物流发展的动向来看,有一些值得关注的特点,可能反映了仓储管理和WMS发展变化的趋势。

第一,随着物流资源的整合,在网络建设过程中,提出了在大型物流网络中,仓储管理的集中模式与分散模式的关系问题。在现实应用中既有集中管理的仓库,也有分散管理的仓库。前者如国家储备粮系统,后者如连锁超市的配送中心。分散与集中各有其市场需求,似乎并不会有孰优孰劣的问题。但是近年来的研究表明,自然界多数复杂系统的构成,是由简单系统采用“分布式”模式结合起来的。由此可以认为,集中总是相对的,分散却是绝对的。当我们构造一个大系统模型时,分布式系统才是基础。技术方案的思路也就变成了如何在分布式仓库网络基础上，解决那些需要集中管理的困难。IBM推出的SOA(Service Oriented Architecture)构架就是此类研究的一个典型代表。在此基础上WMS的基本结构、标准模块和数据交换接口标准等方面的研究正在深入。

第二，以RFID为代表的新技术正在深刻地影响着仓储管理和WMS，甚至孕育着一场“物流革命”。由于种种原因，RFID还不可能马上普及应用到所有的商品上，全世界也不会很快就采用统一的物品编码标准。但是在物流环节可以通过车辆、集装箱、托盘、货架等设备应用RFID技术，提高物流管理水平。事实上我们已经看到在不少WMS案例中采用了RFID技术。因此我们预期物流设备的RFID加上商品的条形码可能是未来一个时期在WMS中探索RFID应用推广的一条实用之路。

第三，JIT配送将越来越成为WMS服务的主要市场需求。我们在上一段中把WMS应用分为三类，并指出这是由应用水平决定的。随着市场逐步成熟，仓储管理在流程中的整合作用越来越明显，传统仓库将向配送中心转化。JIT生产方式的普遍化也将导致JIT配送需求的增长。WMS的发展要基于需求的这个变化趋势。与此同时，配送需求的专业化市场细分业在深入，要求WMS更加支持JIT配送的专业化。

第四，商业智能技术(BI)在WMS中的应用将越来越多。商业智能就是利用数据挖掘技术开发积累的数据信息，使之变成可以利用的知识。例如利用库存数据分析市场变化规律，发现市场异常现象，研究仓库作业的优化方案等等。信息的作用在于应用，在于支持决策。在低水平的应用中，往往是系统采集数据，人工进行决策。经过一定的积累，应该过渡到系统具有决策的功能，这标志着系统上了一个新的台阶。因此WMS中BI模块将成为一个越来越重要的组成部分，促进了WMS的建模理论和方法的研究，以及优化方法和算法的研究。

5.3 仓储管理的实现与实施

5.3.1 企业对仓储管理系统应有的认识

目前，仓储管理系统(WMS)作为国外物流公司运用较广的一种库存管理技术，正日益受到我国众多物流仓储企业的青睐和重视。但WMS的引进，在我国众多仓储企业中还存在一些认识上和实践上的误区，不加以引导有可能导致仓储管理系统建设的失败。

1. 企业需要加深对WMS的深刻认识

WMS是由一系列计划模块有机组合并产生相应预期结果的系统，它是集员工、流程和环境于一体的系统集合体。这一点常常被许多库存经理所忽视。系统开发商也可能忽视上述情况，因为开发商大多擅长软件制作，但却缺乏仓储管理的实践经验。而且其主要精力都集中于系统销售目标的实现，因而开发商往往急于想卖出系统。

对物流仓储企业而言，最大的挑战是在购买一个软件系统时，要认识到自己不仅是在购买一个单纯的WMS产品，而且是在购置一个需要软件和硬件相融合的系统性产品。由于WMS中涉及一些物质处理工作，因而应开展充足的辅助性工作，以便为完善系统的配套设施作好准备。例如货盘架、传送带、自动存货和补给系统等类似的设施都应进行改装或重新安装，以适应WMS运转的需要。企业要在WMS运转之前，确保上述工作的全部完成。

但是物质环境的改善并非是仓储企业运作WMS需要改善其工作的唯一方面。如果企业在引进WMS后，其工作方式由书面文件驱动变成了工作自动化，那么整个仓储设施的操作方式将需要发生一些变化。企业也许需要创造新的工作环境，一些旧的东西也可能要被企业所摈弃。

企业在上述变动管理上可能会遇到一定的阻力，例如员工会因害怕工作自动化而造成其失业。即使企业已经具有自动化的仓储系统并正在提升为一种新的WMS——这样能够避免上述工作的变动，员工受到的冲击也许不会太大，但是库存经理仍然需要采取一种新的库存运作方法。对物流企业来说，重要的一点是要认识到每种WMS的运作是有一定差别的，一些程序上和人事的变动仍然值得企业去做好。

2. 网络基础建设不足常常使WMS的实施效果差强人意

WMS实施失败后，WMS开发商一般会承担系统不能成功运转所造成的部分损失，但物流企业并非都是无辜的受害者。既然物流企业是新的仓储系统接受方，它就对如何准备WMS的实施起着最主要的作用。物流企业要确保来自WMS的信息接受准确无误，这就需要企业采取有效措施，力求避免因网络基础建设不足使得WMS难以顺利实施。但实际上，大多数企业往往在这方面准备不足。

首先，物流企业往往低估了建设诸如无线射频技术(Radio Frequency，简称RF)等配套网络设备的重要性。因为物流企业装置配套的RF设施，无疑会在整体水平上增加企业实施WMS工作的复杂程度。不少企业认为，仅仅通过购买或开发出一套库存管理系统，再加上原有的仓储管理人员，就可以实施WMS了。其实，这样建立的WMS尽管可以提高一些库存管理上的正确度和工作效率，但缺乏了RF系统的有力支持，其仓储水平未必能有很大的提高,对企业投资来说,无疑得不偿失。

其实,完善的 WMS 是离不开 RF 系统支持的。因为 WMS 的高效率运作是以快速、准确、动态地获取货物处理数据作为其系统运行的基础,而 RF 通信系统使得 WMS 实时数据处理成为可能,从而大大简化了传统的工作流程。如原来的移动码就有 50 余种,现在可简化为一两个操作。

其次,对那些已经应用 RF 技术的物流企业来说,面临的难题在于说服开发商提供能够与 RF 设施和相应设施处理系统对接的 WMS。在这一问题上,仓储企业不应让步,即企业必须选择以 RF 系统支持为基础的 WMS。实践证明,以 RF 技术为基础的 WMS,无论是在确保企业实时采集动态的数据方面,还是在提高企业效率与投资回报率方面都具有很大的优势。

WMS 开发商一般答应承担系统不能成功运转所造成的部分损失,但是物流企业在限制开发商系统实施、防止系统运转失败等方面无疑应具有较大的主动权。因此,仓储企业在实施 WMS 时,应坚持"以我为主"的思想,通过加强对 WMS 实施流程的控制来避免 WMS 实施过程中可能出现的工作缺陷,力求 WMS 的成功实施。

5.3.2 物流企业如何成功实施 WMS

1. 物流企业要选择好理想的系统开发商

企业在实施 WMS 之前,第一步,也是最重要的一步是选择合适的系统开发商。企业在购买 WMS 时,不仅是在买一种产品和服务,而且是在买一种与开发商的关系。企业不能仅仅从库存系统的预算额或价格标准的角度来选择开发商,而应意识到,企业与系统开发商之间不应仅仅是简单的合同关系,更应是双赢的合作伙伴关系。即物流企业在准备实施新的仓储管理系统,或者提升现存的库存管理系统时,在库存经理和系统开发商之间应该形成一种良好的双边合作关系。

具体来说,企业在选择开发商的过程中要注意两点:第一,经专家建议,选择一家从事物流仓储业或类似行业的 WMS 开发商。第二,仓储经理还应努力获取其目标开发商过去和现在的一些客户名单,并单独和他们进行私下沟通,以全面了解开发商的综合实力和服务水平。

2. 物流企业要选择符合企业自身情况的系统软件

亚特兰大的曼哈顿咨询协会理事长德勒·巴比认为,开发商的一个普遍缺点是其提供的系统往往不能满足仓储企业商业运作的需要。开发商可能在仓储管理系统设计好之前,或者系统软件还未经全面的测试就提供给仓储企业。仓储企业对开发商提供的 WMS 在实施后能否符合企业需要而进行特定识别和挑选是至关重要的。企业应慎重思考特定软件包如何才能推动库存系统实施特定的库存任务，不能简单地以为开发商所提供的产品就最适合自己。

物流企业所采用的仓储系统软件也许是一个新的库存系统，但它也只是软件开发商诸多方案中的一部分或某几种方案的综合体。因此物流企业理应对方案计划和开发商的系统实施日程安排加以严格管理。

3. 企业决策要量体裁衣，保证需要

在选择系统开发商的过程中，最为关键的是企业购买决策的正确实施。由于具体环境不同，每个物流企业都需要定制自己的 WMS 建设计划。如果企业购买的系统不能恰当、及时地安置并按照仓库主管人员的要求运作，这种仓储管理系统的价值就将大打折扣，也达不到实施 WMS 对提高库存管理水平的预期目标。所以，企业要确保所选择的 WMS 实施后最能满足自己的需要；开发商也要能很好地解释其产品如何能够达到企业所预期的目标。同时，还要确保新的系统软件能够与企业现有的硬件设施，尤其是特殊的软件要与企业的主机系统相匹配和自由交流。

4. 物流企业需要

第一，物流仓储企业的工作重点应放在 WMS 实施的总体层面上。企业要牢记软件和硬件建设只是整个系统建设的一部分。其他一些配套工作，如物料的搬运和管理、设施的布局及员工的培训等，都需要企业加以关注。建议仓储企业在完善库存系统功能以前，要把 WMS 的工作重点先集中于某一特定的商业利益点上，如提高存货的精确度、提高仓库空间的利用率或员工的劳动效率，因为任何企业都不可能一下子把所有的工作都做好。

第二，工作进度安排。物流仓储企业需要适时控制 WMS 的工作进程。企业要引导开发商将 WMS 软件建设和物质设施处理工作都向规定的工作日程安排靠拢。

5.3.3　物流园区仓储管理流程

物流园区的仓储管理主要由两方面的实施人进行管理实施操作。一是园区的客户运营商，它可以负责出入库管理、移库管理、货物拆分管理、货物移位、库位管理、库存预警等仓储管理功能；二是园区的管理人员，它可以负责费用管理、运营商管理、仓库管理、客户管理、人员出入记录管理以及库存盘点管理等仓储管理功能。

1. 客户运营商实施流程

(1)客户运营商基本流程(见图 5.1)。客户通过库位管理，可以根据自身需要对自己分配的仓库实现库位划分。

客户通过货物拆分，可以将库存的货物拆分成自己需要的数量。

统计报表库存查询功能给客户提供了查询库存信息的功能。

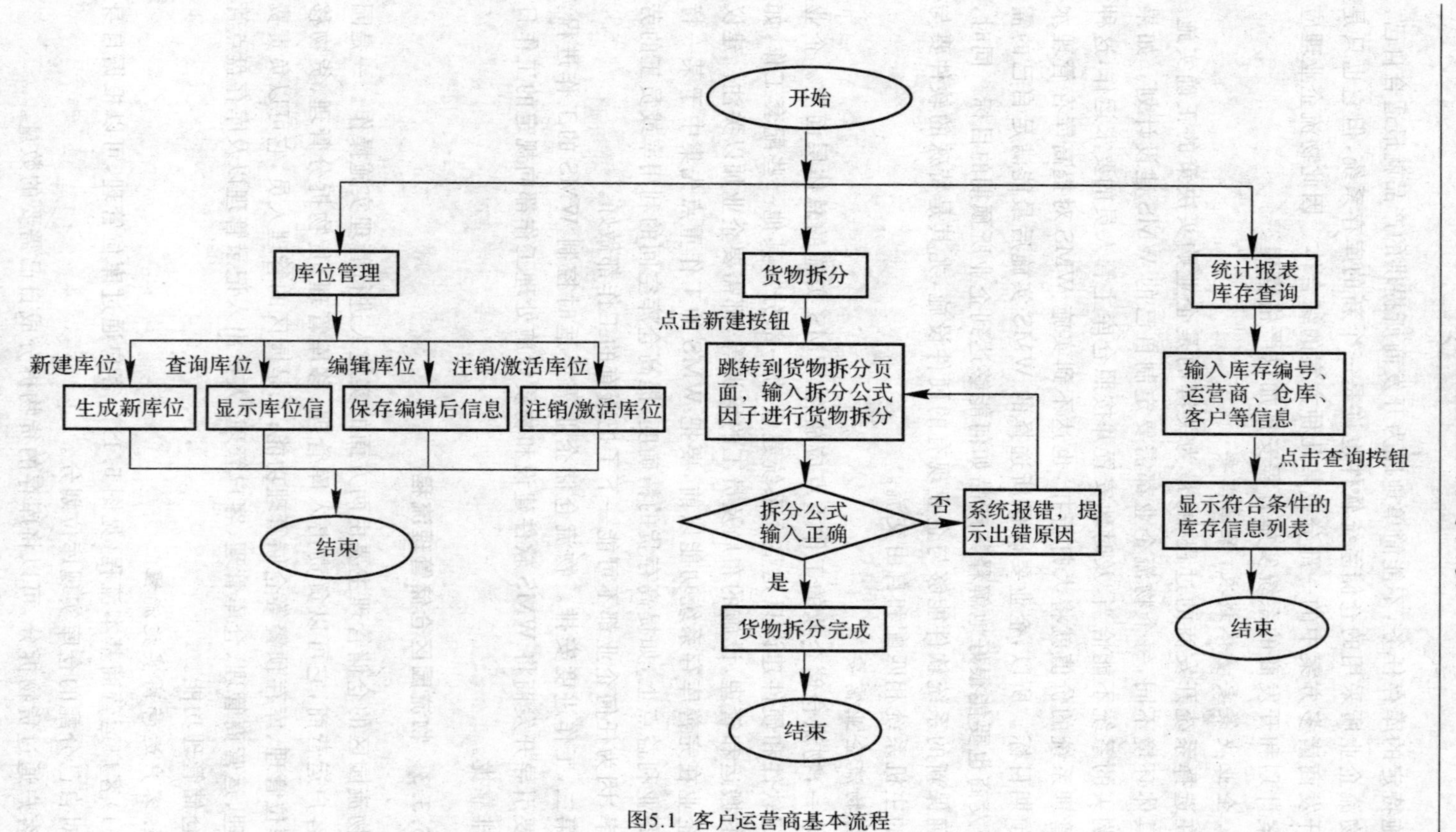

图5.1 客户运营商基本流程

(2)客户入库流程(见图 5.2)。入库过程中,园区管理员需要根据入库单信息进行货物扫码及货位扫码,确保入库货物的正确和仓库库位的正确性。

成功完结入库流程后,管理员会向客户收取手续费,系统会跳转到收费界面,进入收费流程。

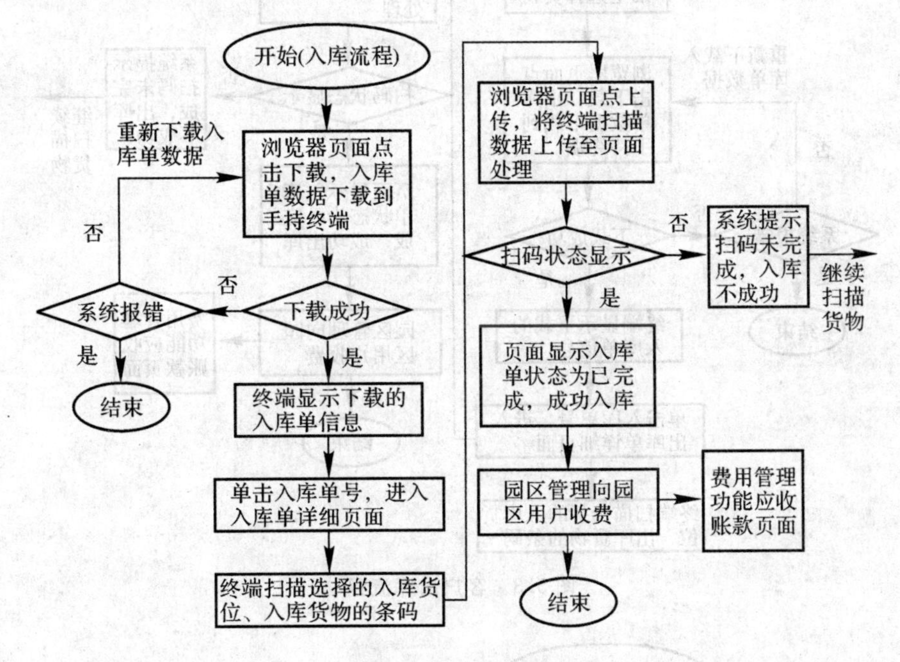

图 5.2　客户入库流程

(3)客户出库流程(见图 5.3)。出库过程中,园区管理员需要根据出库单信息进行货物扫码及货位扫码,确保出库货物的正确和仓库库位的正确性。

成功完结出库流程后,管理员会向客户收取手续费,系统会跳转到收费界面,进入收费流程。

(4)移库流程(见图 5.4)。移库过程中涉及货物的出库和入库,园区管理员会在货物的出库和入库后分别进行收费操作。

(5)移位流程(见图 5.5)。客户通过移位操作,可以在分配给自己的仓库里对货物移位,将货物移动到自己希望的库位位置上,从而提高了仓库存储货物的灵活性。

移位过程由客户自己实施,移位完结后园区不会收取费用。

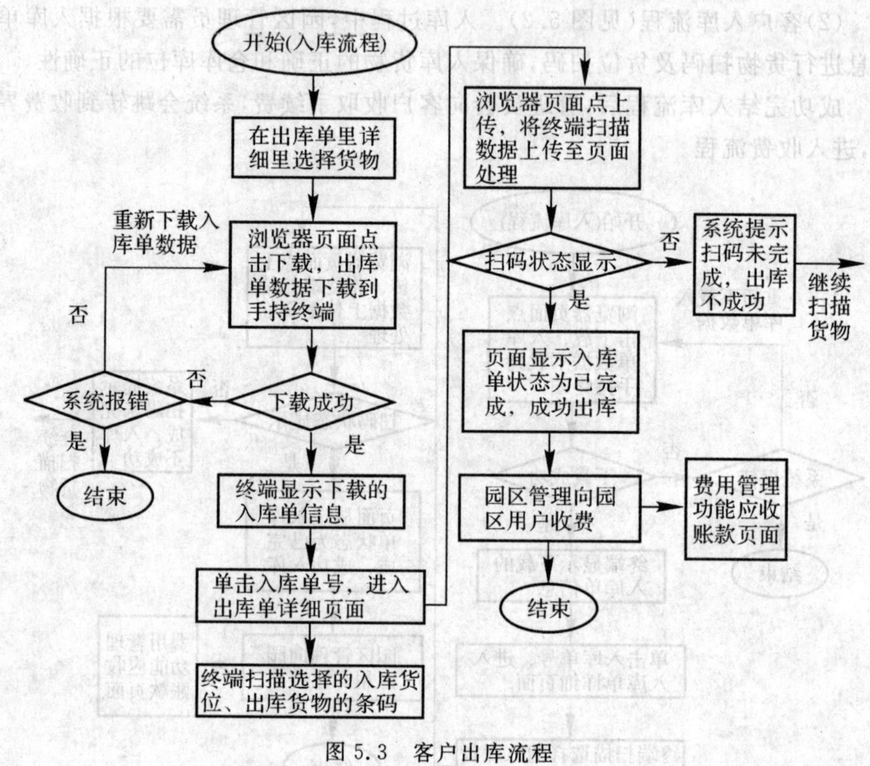

图 5.3 客户出库流程

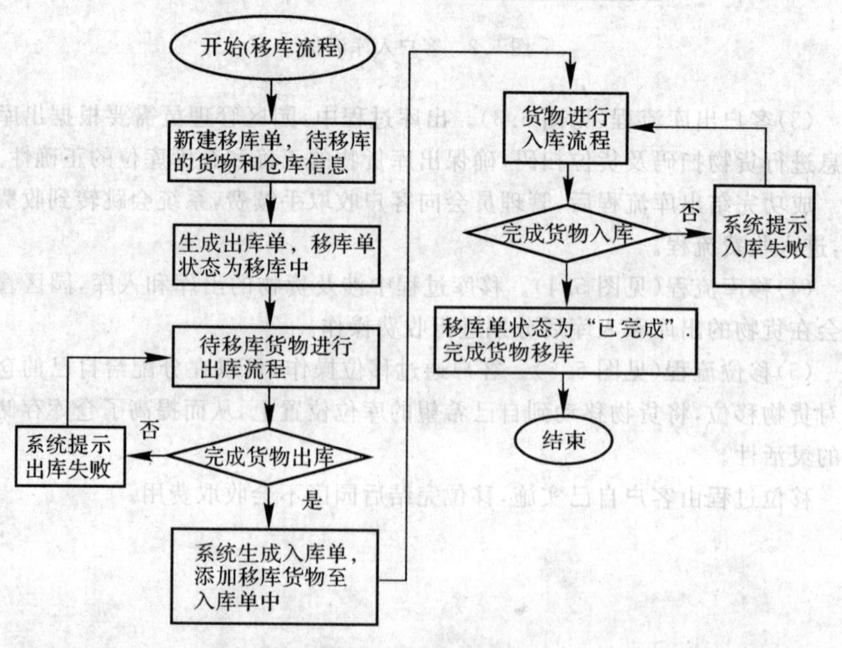

图 5.4 移库流程

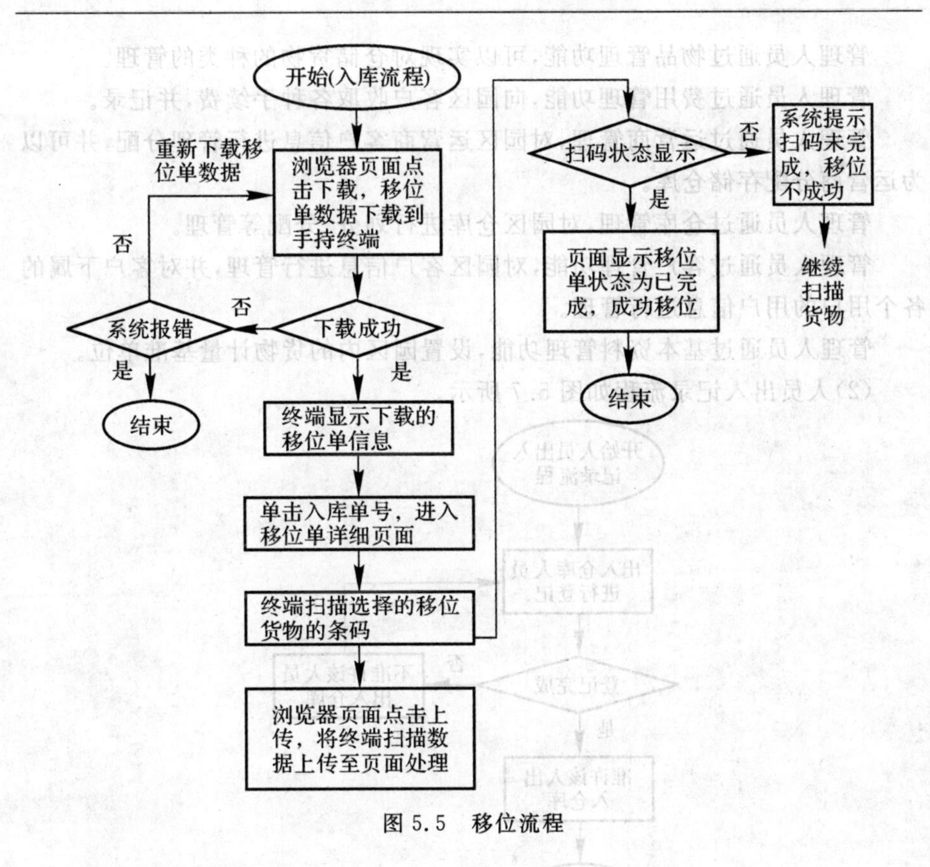

图 5.5　移位流程

2. 园区管理人员实施流程

(1)园区管理员基本实施流程如图 5.6 所示。

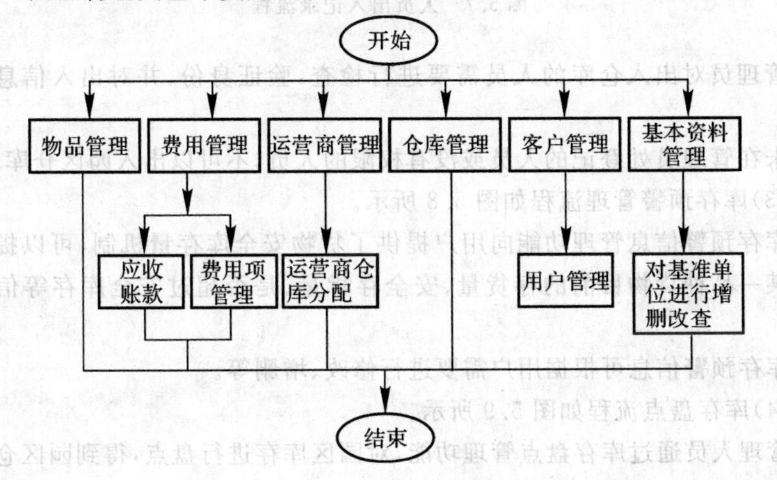

图 5.6　园区管理员基本实施流程

管理人员通过物品管理功能,可以实现对仓储货物的种类的管理。

管理人员通过费用管理功能,向园区客户收取各种手续费,并记录。

管理人员通过运营商管理,对园区运营商客户信息进行管理分配,并可以为运营商分配存储仓库。

管理人员通过仓库管理,对园区仓库进行划分、分配等管理。

管理人员通过客户管理功能,对园区客户信息进行管理,并对客户下属的各个用户的用户信息进行管理。

管理人员通过基本资料管理功能,设置园区内的货物计量基准单位。

(2)人员出入记录流程如图5.7所示。

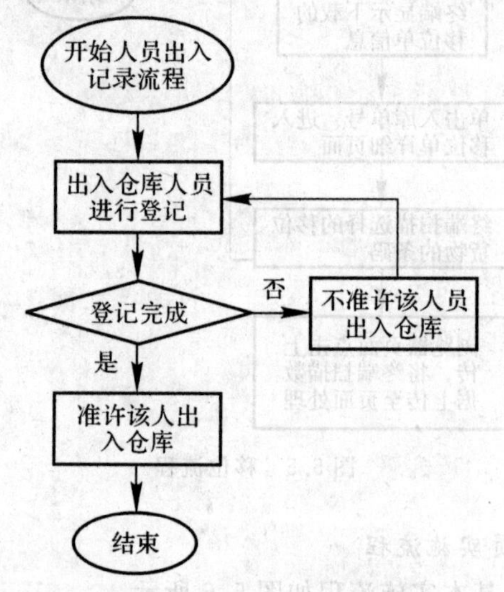

图5.7　人员出入记录流程

管理员对出入仓库的人员需要进行检查,验证身份,并对出入信息进行记录。

未在管理员处登记的人员或没有权限的人员,不可以出入园区仓库。

(3)库存预警管理流程如图5.8所示。

库存预警信息管理功能向用户提供了货物安全库存量机制,可以提供库存中某一品种货物目前的存货量、安全存货量、是否超过安全库存等信息给客户。

库存预警信息可根据用户需要进行修改、增删等。

(4)库存盘点流程如图5.9所示。

管理人员通过库存盘点管理功能,对园区库存进行盘点,得到园区仓库库存的各种信息。

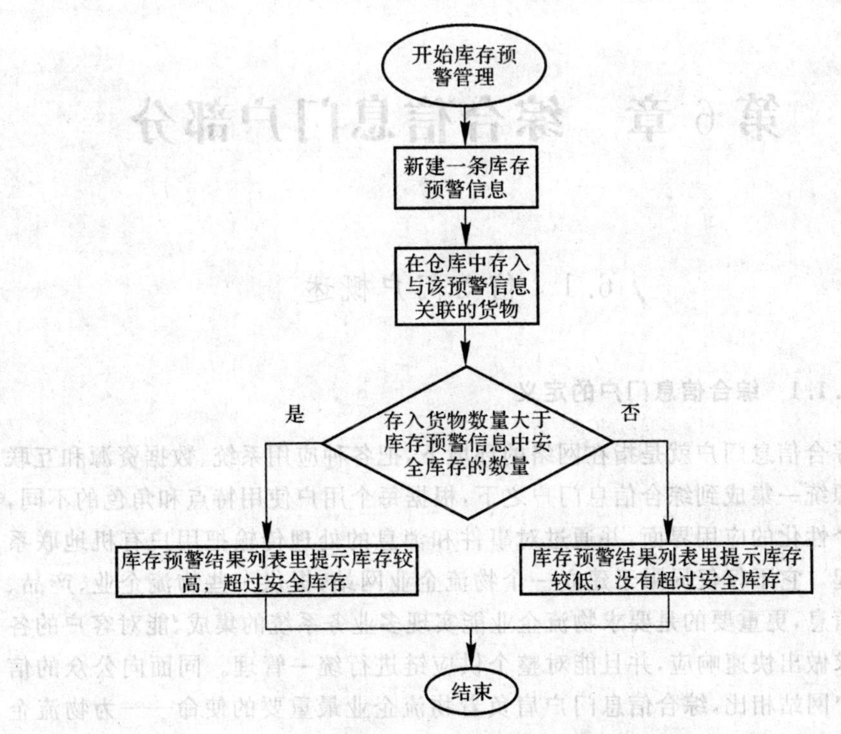

图 5.8　库存预警管理流程

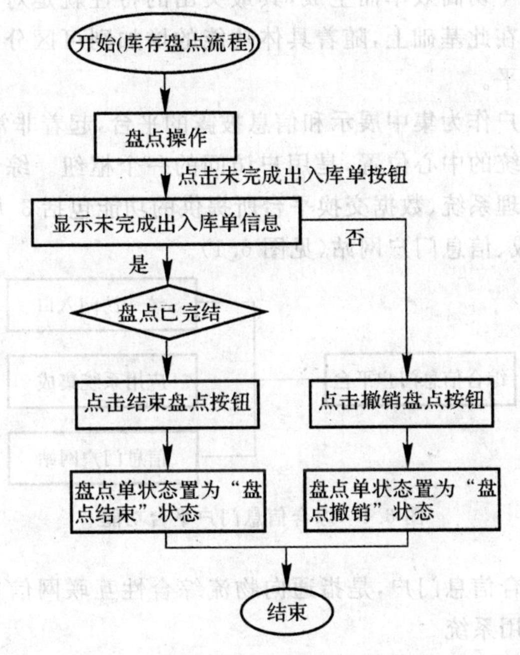

图 5.9　库存盘点流程

第6章　综合信息门户部分

6.1　信心门户概述

6.1.1　综合信息门户的定义

综合信息门户就是指在网络的环境下，把各种应用系统、数据资源和互联网资源统一集成到综合信息门户之下，根据每个用户使用特点和角色的不同，形成个性化的应用界面，并通过对事件和消息的处理传输把用户有机地联系在一起。它不仅仅局限于建立一个物流企业网站，提供一些物流企业、产品、服务信息，更重要的是要求物流企业能实现多业务系统的集成、能对客户的各种要求做出快速响应，并且能对整个供应链进行统一管理。同面向公众的信息门户网站相比，综合信息门户肩负着物流企业最重要的使命——为物流企业客户的投资增值创建最高效率的业务模式，其功能和特性都围绕着物流企业间竞争所需的一切高效率而生成，其最突出的特性就是对信息交流的实时双向性的要求。在此基础上，随着具体功能的增加则可区分出不同的综合信息门户应用的水平。

综合信息门户作为集中展示和信息披露的平台，起着非常重要的作用，它处于各个应用系统的中心位置，是用户访问的一个枢纽。综合信息门户平台结合统一用户管理系统、数据交换平台所提供的功能包括3大类：统一用户入口、应用系统集成、信息门户网站（见图6.1）。

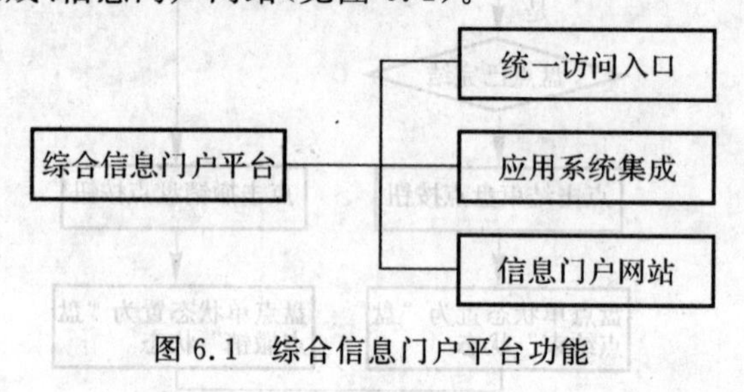

图6.1　综合信息门户平台功能

所谓物流综合信息门户，是指通向物流综合性互联网信息资源并提供有关信息服务的应用系统

简单地说：物流综合信息门户就是物流企业在互联网上的“店面”，面向全

球展示企业形象与产品特点和性能等作用。

当我们的企业上了网，我们就可以进入这一世界最大的市场当中了，不过这时我们只是一个看客而已；而当我们的企业有了自己的网站（店面），我们就在这一市场当中有了自己的“摊位”，当“摊位”有了之后，我们就可以宣传自己的企业、展示自己的产品了。

6.1.2　综合信息门户主要解决的问题

我们分析一下：首先，员工、客户、合作伙伴和供应商都有着各自不同的信息传递渠道：员工用局域网，客户用 Web 站点，合作伙伴和供应商用专用网络等。信息渠道的多样化除了会导致信息的重复、混乱与丢失以及管理上的困难外，物流企业运作的速度与成本也会因此而受到影响。因此在商业环境瞬息万变的今天，信息传递方式的简单、高效与迅捷与否，将直接影响到物流企业的生存与发展（见图 6.2）。

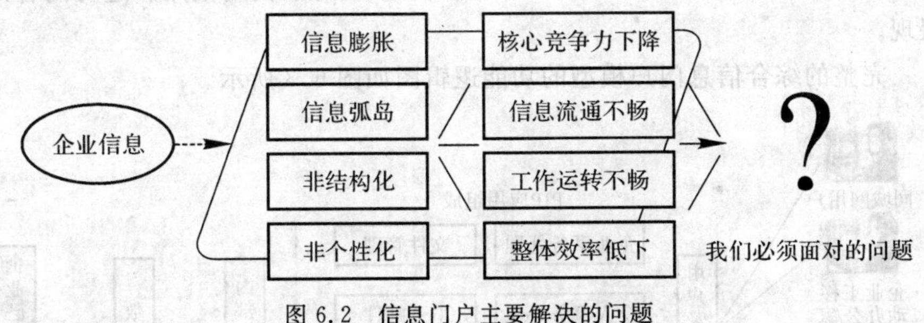

图 6.2　信息门户主要解决的问题

综合信息门户的基本作用是为人们提供物流企业信息，它强调物流企业员工、合作伙伴、客户、供应商都可以通过综合信息门户非常方便地获取自己所需的信息。

综合信息门户可以大大降低物流企业运营成本，信息技术软硬件的投入将大为减少。因为综合信息门户的用户端只需要一个普通的 Web 浏览器，不论用户需要何种信息与服务，都可以在一个浏览器中得到；由于综合信息门户采用廉价的 Internet 作为信息传输载体，物流企业可以节省大量架设、维护或租用外部网络的费用，同时还能省去在人员编制中的成本。

综合信息门户能够更有效地开发利用各种物流企业内的信息和应用资源。每个物流企业内都有大量的文件、报表、票据、电子文档方式保存的各种信息，这些信息保存和查找都很麻烦。而有了综合信息门户之后，物流企业内的各种信息与应用服务资源都将得到统一的跟踪和整理，并经过相应的过滤和调整，迅速提供给综合信息门户的各类用户，从而能够充分挖掘出物流企业内信息与应用资源的潜在价值。

综合信息门户能够加强客户关系管理和拓展新的业务。对客户和合作伙伴来说，物流企业可以根据他们的需求提供个性化的服务，而客户可以通过综合信息门户及时了解和查询他所需要的产品信息和交易信息。而且随着网上业务的不断发展，综合信息门户还可以拓展物流企业的业务范围，创造新的业务机会，成为推动物流企业走进电子商务的强大工具。

6.1.3 主要构成

我们通过分析信息化的具体问题，在此展现了我们认为的信息门户系统模型。该模型主要由内容管理平台部分和门户展现部分构成。模型的底层应该由现有业务系统作为支撑，包括现有的业务数据库；然后应该由一个内容管理平台来整合并统一这些彼此孤立的业务系统，通过内容管理平台的统一数据整合与应用整合，内容管理平台可以将经过整合处理的数据发送到应用门户中，由门户系统来统一生成、管理不同的 Web 站点，向终端用户进行内容的展现。

完整的综合信息门户模型的功能逻辑图如图 6.3 所示。

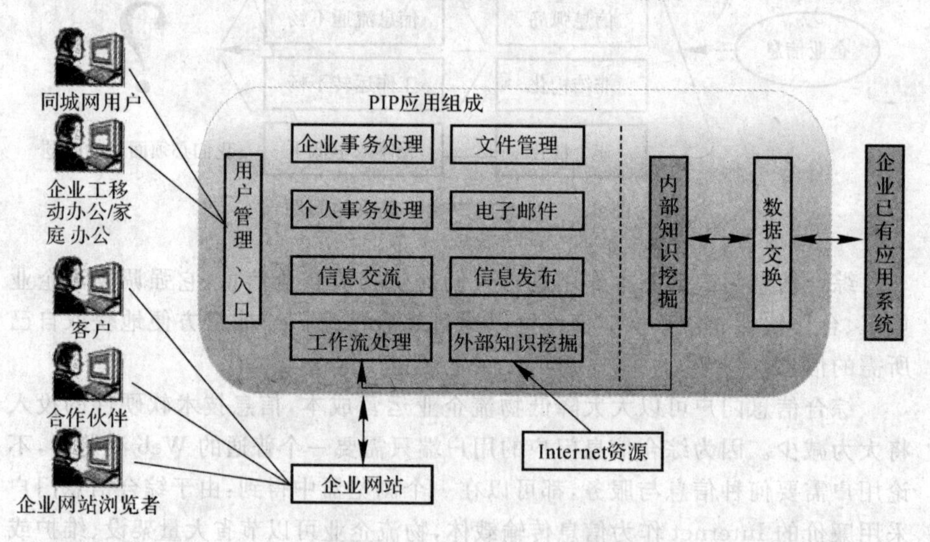

图 6.3 综合信息门户功能逻辑

这个模型可以为物流企业提供基于 Web 的可以跨越 Intranet、Extranet 和 Internet 的信息获取环境，同时提供无缝整合物流企业其他系统的平台。这样一个门户，可以有效地提高物流企业员工和合作伙伴获得信息的速度和效率，并可以满足物流企业不断变化的业务需求。

6.1.4　优秀信息门户的必备要素

一个好的信息门户必须具备四个要素：

(1)域名(即：物流企业的“网址”)形象好且好记(如：IBM. com)。

(2)访问我们网站的目标客户群体是否是潜在客户。即：是一般性的浏览还是有针对性的访问(客户一般到行业性商务平台去浏览或查找所需要的信息)。

(3)供求信息的发布和产品展示是关键。即：公司主要卖的是产品，供求信息的发布就如同我们现实生活中做买卖的“吆喝”引起访问者的注意，产品展示就如同我们商店里摆放的商品让访问者看得见，知道我们卖什么，所以要尽可能把所有产品都展现出来。

(4)产品信息更新要及时。

6.1.5　门户目标

网络凭借其卓越的互动性与便捷的交流手段正成为最有发展潜力与前途的新兴媒体，成为众商家倍为关注的宣传热点。许多行业的先锋物流企业都已经采用互联网技术，为客户、合作伙伴在网上提供信息服务，并且借助互联网，敏锐地捕捉商机。

作为专业从事物流行业的大型物流企业，更需要建设好网站，将其作为对外宣传、服务和交流的载体，来配合公司的迅速发展，使网站具有鲜明的行业特色，使更多的物流企业通过网络来结盟，使更多的客户通过网络来了解。

6.2　综合信息门户的价值体现

6.2.1　关键作用

综合信息门户就是物流企业在网上的一个家。这样就可以在这里向客户介绍我们的物流企业，展示我们的实力，推销我们的产品。客户可以给我们的网站发电子邮件咨询问题，把最新的产品放在网上供大家选购。世界上任何一个上网的人都可以拜访我们的物流企业，而我们的物流企业同时也展现在全世界的面前。这是一个多么好的宣传物流企业、树立物流企业形象的方式。

1. 提升物流企业形象

一般说来，物流企业建立自己的网址，不大可能马上为物流企业带来新客户、新生意，也不大可能大幅度提高物流企业业绩。毕竟，物流企业用于网站的费用很低，期望极低的费用能马上为物流企业带巨大的收益是不现实的，物流企业网站的作用更类似于物流企业在报纸和电视上所做的宣传物流企业本身及品牌的广告。不同之处在于物流企业网站容量更大，物流企业可以把任何想让客户及公众知道的内容放入网站。此外，相对来说，建立物流企业网站的投入比其他广告方式要低得多。当然，网站和广告是两种不同的宣传方式，各有不同作用，它们之间更多地是互相补充，而不是排斥，物流企业如拥有自己的网址，应在网络(Internet)中推介该网址，并把具体的内容放入网站。

2.使物流企业具有网络沟通能力

在中国，人们对互联网络往往有所误解，以为电子信箱就是互联网络，有的物流企业将电子邮件地址当成网址，并印在名片上。实际上，电子邮件只是互联网络最常用、最简单的功能之一。互联网络真正的内涵在于其内容的丰富性，几乎无所不有。对物流企业来说，具有网络沟通能力的标志是物流企业拥有自己的独立网站，而非电子信箱。

3.与客户保持密切联系

在美国，每当人们想知道某物流企业有什么产品、服务或新产品、服务，甚至只是想知道该物流企业有什么新闻时，他们就会习惯性地进入该物流企业的网址。因为大多数物流企业已经把所有的产品、服务信息发布于网上，并且定期在网上发布有关物流企业的新闻信息。由于互联网络这种高科技的媒介进入中国时间不长，中国物流企业与客户之间现在暂时还不习惯于这种联系方式。但随着越来越多的物流企业对互联网络认识的加深，在网上发布产品和信息这种现况将发生巨大改变，目前已经有越来越多的中国物流企业具有自己的网络能力，并逐渐习惯于利用网络与客户进行沟通。

4.与潜在客户建立商业联系

这是物流企业网站最重要的功能之一，也是为什么那么多国外物流企业非常重视网站建设的根本原因。现在，世界各国的经销商主要都是利用互联网络来寻找新的产品和新的供求，因为这样做费用最低、效率最高。原则上，全世界任何人，只要知道了物流企业的网址，就可以看到物流企业的产品和服务。因此，关键在于如何将物流企业网址推介出去。一种非常实用、有效且常用的方法是将物流企业的网址登记在本行业的专业行业平台上，则可以使潜在客户能够容易地找到物流企业和物流企业的产品。这正是商业上通行的做法，而且已被证明是十分有效的。

5.降低通信费用

对于物流企业来说，每年的通信费用，尤其是涉及进出口贸易的通信费用，是一笔非常庞大的开支。利用网站所提供的电子信箱、及时通信工具等等，可以有效地降低通信费用，这是物流企业建立网站的另一个益处。

6.利用网站及时得到客户反馈的信息

客户一般是不会积极主动地向物流企业反馈信息的。如物流企业在设计网站时,加入客户与物流企业联系的电子邮件和电子表格,因使用极其方便,一般来说,客户习惯于使用这种方式与物流企业进行联系。因此,物流企业可以得到大量的客户意见和建议,这将有利于物流企业的蓬勃发展。

7.用户统一登录的入口

作为一个大型系统的首页,还担当着整合系统资源,方便用户使用的功能,用户只需要登入信息门户,就可以轻松进入可以操控的其他子系统中,省去了记住各系统域名的麻烦。

8.交易行情信息的快速查询

首页可以显示当前现货交易与远期现货交易的重要信息,在用户未登录的情况下即可查看,方便快捷。

6.2.2　优势体现

综合信息门户将存储在物流企业数据库中的信息转变为可利用的信息,通过互联网将这些信息传递到公司员工、合作伙伴和供应商面前;能够跟踪、整理和传送各种庞杂的信息,同时可以根据客户的业务需求和职务特点从互联网中导入和过滤内容。通过综合信息门户最终可以帮助物流企业:

(1)提高响应速度。物流企业员工、合作伙伴、供应商通过登陆不同的门户快速获取自己所需信息,及时处理各项业务,大大提升员工与员工之间,员工与客户之间的响应速度。

(2)提升知识管理。综合信息门户恰好可以成为物流企业获取知识、整合知识和积累知识的有效途径。通过网络帮助物流企业快速积累知识、利用知识和对知识进行创新,同时通过提供个性化的信息收集客户的差异信息,以此来拉近与客户、合作伙伴之间的距离。

(3)提高资源利用的效率。综合信息门户采用高效的互联网作为信息传输的工具,将物流企业现有的资源整合在一个集中的平台上进行管理,减少了物流企业的成本和人员投入,是以最小的成本实现最大程度利用物流企业现有资源的最可行的途径。

(4)提升物流企业综合竞争力。综合信息门户能够把物流企业内的各个信息系统集成起来,通过用户自己个性化的界面提供给用户。虽然界面不同,但入口是唯一的,都进入到了统一的物流企业信息系统之中。

对于物流企业而言,可以快速集中合作伙伴的优势力量共同抓住市场,与客户、合作伙伴和供应商之间的商情共享,提高营业销售量和工作效率。

对于物流企业员工而言,通过登陆自己的门户就可以了解和自己相关的客户、产品等数据，处理与自己相关的费用报销等事务，直接进行自助管理，明显提高工作效率。

综上所述，综合信息门户可以帮助物流企业降低业务运作成本，提高销售量和优化资源分配，维护号老客户吸引新客户，提升物流企业的综合竞争优势。

6.3 综合信息门户具体实现

6.3.1 设计理念

在设计上：精美与高效兼顾。网站页面设计体现大型物流企业形象，在框架编排、色彩搭配以及 Flash 动画的适当穿插都做到恰到好处，使整个网站在保证功能的前提下给浏览者带来良好的视觉享受和时代动感。

在网站功能上：充分体现网站的互动性，并且采用多种机制提醒网站管理人员，便于网管和相关人员及时响应。并且特别注重网站的安全和稳定，采用网络安全、系统登录安全、各分系统安全、分系统模块安全、会话期间安全等多种方式确保安全。采用先进的 3 层结构的编程方式使网站即使在极多访问量的情况下仍能保持稳定。

在网站维护和后续扩展上：我们提供专门的网站维护后台，网站管理员可以很方便地借助这个平台维护整个网站。我们在规划网站之初，就会将功能模块框架搭建得很大而且易于扩展，以后增加新的功能和模块都会非常方便，降低二次开发成本。另外，对于以静态和 Flash 展示的页面，考虑到页面的精美要求，我们手工维护。

6.3.2 平台特点

1. 强大的可扩展性

该系统是基于 Web 应用的信息平台，具有非常灵活的应用。

从系统本身来讲，该系统集中考虑了多种应用所共有的特性，提供了信息发布、信息管理、权限控制、高度定制的功能，因此将该系统应用到不同的领域，将衍生许多新的应用，目前，采用该系统实施周期最少的只需要 2～3 个小时。

从系统功能上讲，在该系统上已有电子交易平台、物流配载平台、仓库管理平台等三大主要功能子系统，根据客户的实际需求，还可以定制开发如海关报税系统等外围系统，为物流企业的内部工作流程提供一条龙服务。

实践证明在系统功能扩充方面，该系统具有强大的功能。

2. 高度灵活的定制功能

内容定制：页面上的所有动态信息，包括栏目、信息单元、信息等都可以通过管理程序进行完全控制，内容的更新、位置的移动通过管理程序配置就可以实现。

版式定制：提供版式定制工具，对于每个部门甚至每个栏目都可以定制自己的首页版式。

权限定制：机构发表的信息，该机构的系统管理员可以决定什么用户对该栏目具有浏览、发布、删除、修改等权限。

3. 采用J2EE架构，实现跨平台

本系统采用JAVA作为主要的开发语言，保证了系统具有很好的跨平台性。开发的Web程序主要采用了JSP，JavaBean，Servlet，Applet等Java应用；后台的管理程序通过Java Application实现。因此，对于所有支持J2EE规范的应用服务器上，Web程序可以方面移植；管理程序可以运行于任何具有JAVA虚拟机的CPU上，而且因为没有涉及操作系统的功能调用，因此可以适应多种操作系统。

4. 严密的权限管理

本系统中一方面要求所有的用户都能访问本系统的信息，另一方面，信息内容的覆盖范围很广，一些敏感信息不允许部分用户浏览，即，本系统要求具有严格的权限机制。

系统分为页面部分和系统管理部分。在系统管理部分，分为一级系统管理员和二级管理员。二级管理员负责本机构人员、单位信息的维护，负责页面的展示和布局，负责对本机构的栏目进行授权等。一级管理员负责整个系统的页面和功能设置，一级管理员具有所有二级管理员的权限。二级管理员还可以创建三级管理员，以此类推。

在系统页面部分，用户的权限分为阅读权限、上传权限、删除权限。这些权限的设置由管理程序来完成，管理程序可以对单位授权，还可以对个人授权。

5. 高度安全性

选用高度安全的应用服务器，防止了因服务器漏洞造成的隐患。采用PKI体系实现身份验证，对服务器和用户的合法性进行验证。服务器与客户端的通信采用SSL通道，保证信息在通信线路上的安全。

此外，在本系统中采用了严格的数据加密措施，保证了信息的安全，所有的数据加密采用国际通用的公开加密算法，严格遵循Sun的加密规范。比如，对于用户的密码，采用单向散列算法MD5进行加密，保证密码在数据库里的存储安全，即使数据库管理员可以查看数据库内容，也无法获取用户的密码;对于页面参数的传递,采用对称加密的措施,防止用户越权操作和非法访问。

6. 友好界面,操作方便

所有界面采用专业美工结合美学和操作方便性考虑,美观大方,操作方便。

6.3.3 平台简介

1. 门户首页

如图 6.4 所示,在我们系统中,1 处显示站内公告,2 处显示园区新闻,新闻中幻灯片切换的热点新闻需要在后台配置。3 处在没有广告的情况下,显示这几幅默认图片,出现广告后,替代显示。4 处显示最新的 20 条车辆信息和货物信息。5 处显示横幅广告,现显示的是默认图片。物流手册、下载中心、政策法规、企业信息、产品信息和常用单据等 6 个栏目可以显示不同的对应新闻或者下载等信息。

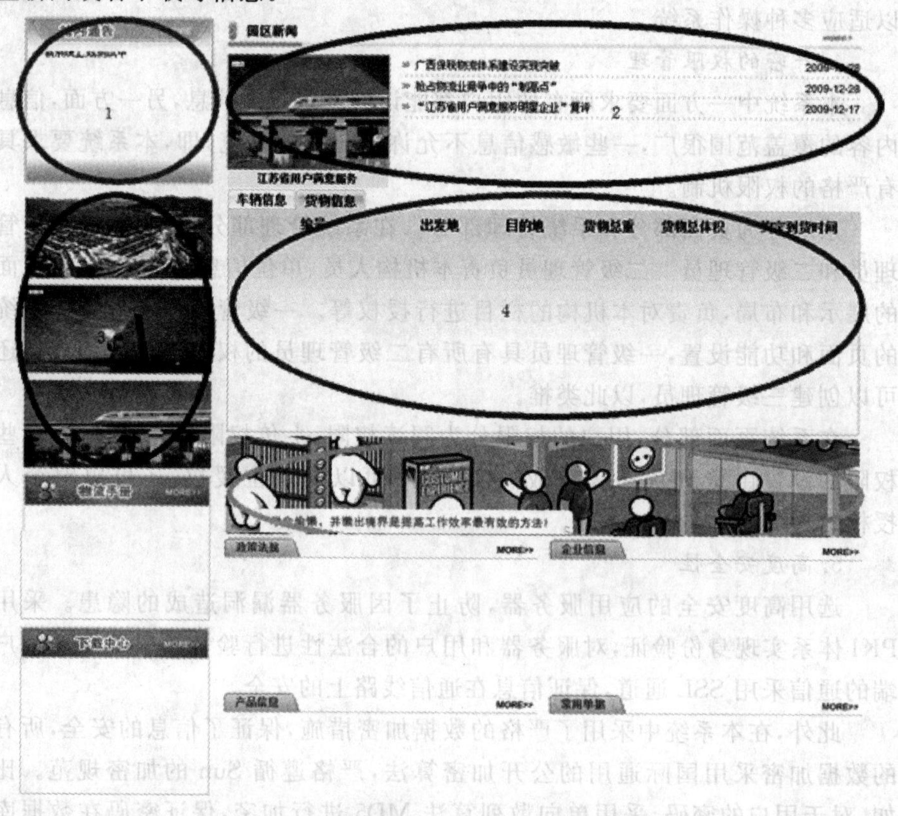

图 6.4 信息门户首页

点击每篇文章标题可以显示对应的文章内容(见图 6.5)。

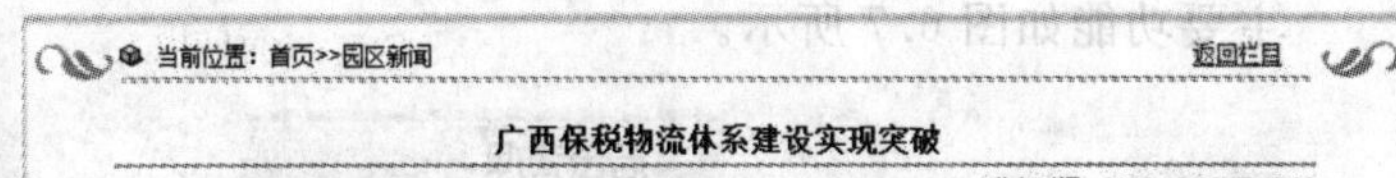

广西保税物流体系建设实现突破

发布时间：2009-12-28 17:46:09

本报南宁12月25日电　(记者庞革平、谢建伟)12月22日至23日,南宁保税物流中心和广西钦州保税港区(一期)先后通过国务院联合验收组的正式验收,并将于明年初正式封关运作,这标志着广西北部湾经济区保税物流体系建设取得历史性突破。

南宁保税物流中心创造了我国保税物流体系建设的“三个第一”:从获批到预验收仅用了288天,时间最短;建设过程中,创造了2.6天建造一层楼的最快速度;建成后,将成为我国西南地区最大的“无水港”。

目前,中石油2000万方储备项目和中远、中海、中外运等13家企业已入驻钦州保税港区。同时,新加坡来宝集团、泰国两仪集团、日本丸红株式会社、韩国世洋集团等一批知名企业已齐聚钦州港,基本形成以石化、造纸、电子、能源、冶金、粮油为重点的临港产业集群。

图 6.5　信息门户文章展示

点击栏目上方的 more 或者文章内容页中的“返回栏目”,可以进入该栏目的文章列表(见图 6.6)。

当前位置：首页>>园区新闻　　返回首页

- 广西保税物流体系建设实现突破　[2009-12-28 17:46:09]
- 抢占物流业竞争中的“制高点”　[2009-12-28 17:45:31]
- “江苏省用户满意服务明星企业”复评　[2009-12-17 16:58:29]

共 3条记录 【上一页】【下一页】 页次：1/1页 跳转： GO

图 6.6　信息门户文章列表

2. 门户后台

登录系统后,根据每个用户不同的权限,可以进入不同的系统,这里仅讨

论门户发布功能

主要功能如图 6.7 所示。

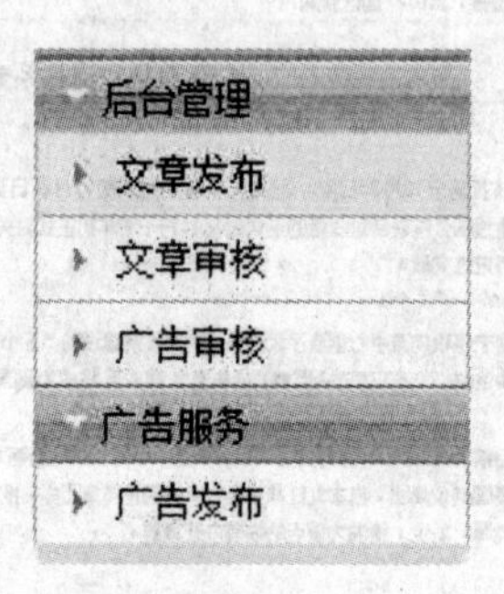

图 6.7 信息门户功能菜单

文章发布、广告发布主要是发布员的工作。

文章审核、广告审核是审核员(可以管理员兼任)的工作。

3. 发布文章

在文章列表页面点击“新建”,创建一条新的文章。

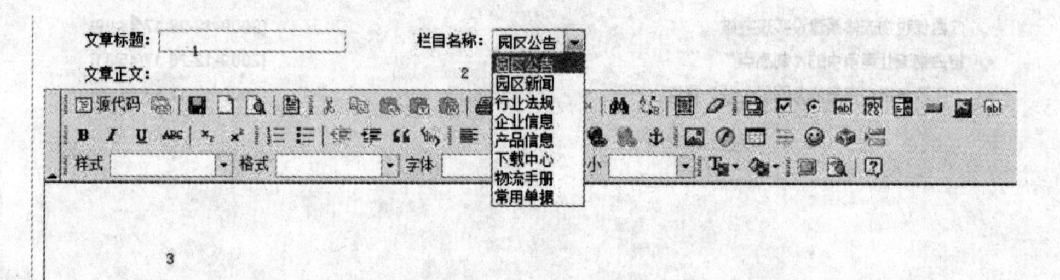

图 6.8 信息门户文章发布

在图 6.8 中 1 处填入文章标题,2 处选择该文章所在的栏目,3 处填写文章内容。

4. 发布广告

在广告发布栏目点击“新建”,如图 6.9 所示。

文章信息

广告标题	广告栏名称	提交时间	审核人员	审核时间	广告状态	操作
抢占物流业竞争制高点	走马灯新闻 19x19	2009-12-28 17:48:27	1	2009-12-28 17:48:51	使用	
江苏省用户满意服务	走马灯新闻 19x19	2009-12-17 17:13:03	1	2009-12-17 17:13:27	使用	

记录：1-2/2　　页码：1/1　GO

新建

图 6.9　信息门户新建广告

进入选择广告栏页面(见图 6.10)。

请选择广告栏

名称	宽度	高度	类型	价格	广告数量	操作
边栏广告 221x101	221	101	图片	2000.0	10	添加广告
横幅广告 741x138	741	138	图片	700.0	1	添加广告
走马灯新闻 19x19	19	19	图片	0.0	5	添加广告

图 6.10　信息门户广告栏

边栏广告是在页面右侧的小广告，最多支持同时 10 条

横幅广告在页面中部，长幅较大，同时显示 1 条。

走马灯新闻是在园区新闻旁边的轮换走马灯显示的新闻，最多同时 5 条。

点击某一项的“添加广告”(见图 6.11)。

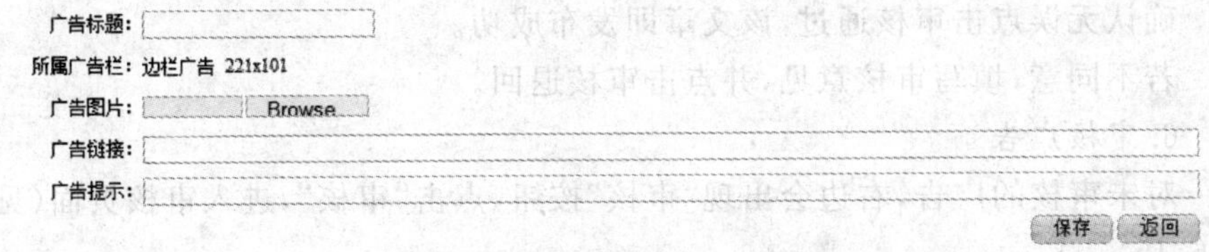

广告标题：

所属广告栏：边栏广告 221x101

广告图片：　Browse

广告链接：

广告提示：

保存　返回

图 6.11　信息门户广告添加

填写好广告标题，选择电脑中要上传的广告图片(见图 6.12)。

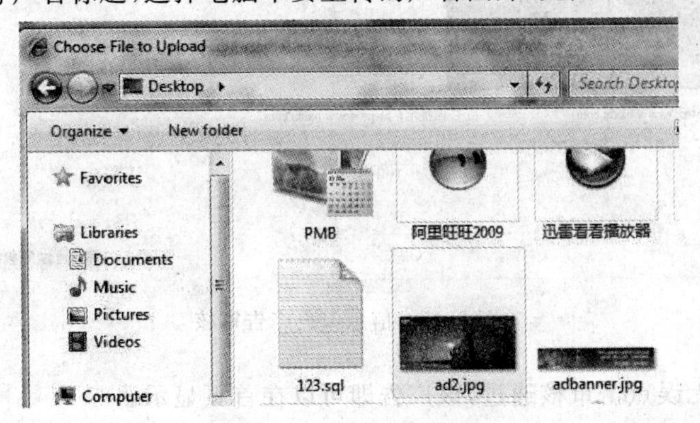

图 6.12　广告图片选择

然后填写好广告链接(点击图片跳转的地方,注意要在前面加上Http://),广告提示(鼠标放在上面显示的tips),点击“保存”即可。

5. 审核文章

发布完成的文章可以在审核页面中看见,待管理员审核(见图 6.13)。

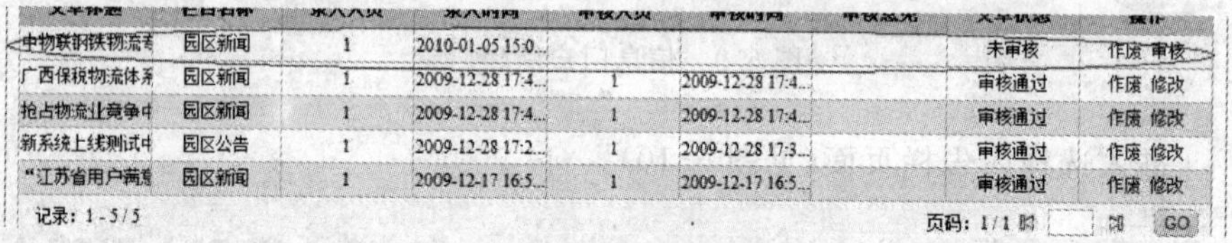

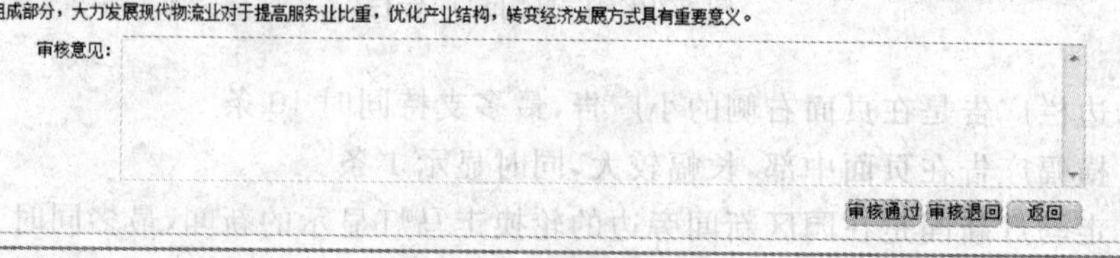

文章标题	栏目名称	录入人员	录入时间	审核人员	审核时间	审核意见	文章状态	操作
中物联钢铁物流专	园区新闻	1	2010-01-05 15:0...				未审核	作废 审核
广西保税物流体系	园区新闻	1	2009-12-28 17:4...	1	2009-12-28 17:4...		审核通过	作废 修改
抢占物流业竞争中	园区新闻	1	2009-12-28 17:4...	1	2009-12-28 17:4...		审核通过	作废 修改
新系统上线测试中	园区公告	1	2009-12-28 17:2...	1	2009-12-28 17:3...		审核通过	作废 修改
“江苏省用户满意	园区新闻	1	2009-12-17 16:5...	1	2009-12-17 16:5...		审核通过	作废 修改

记录: 1-5/5　　页码: 1/1 跳 页 GO

图 6.13　信息门户文章审核列表

点击“审核”,进入审核页面(邮图 6.14)。

流成本居高不下。另外,长期以来国内钢铁物流领域存在着严重的资源配置不合理现象,导致重复物流成本的居高不下。物流业是生产性服务业的重要组成部分,大力发展现代物流业对于提高服务业比重,优化产业结构,转变经济发展方式具有重要意义。
审核意见:
审核通过
审核退回
返回

图 6.14　信息门户文章审核

确认无误点击审核通过,该文章即发布成功。

若不同意,填写审核意见,并点击审核退回。

6. 审核广告

对未审核的广告,右边会出现“审核”按钮,点击“审核”,进入审核页面(见图 6.15)。

广告编号: 6442
广告标题: 百度
所属广告栏: 1
广告图片:
广告链接: http:\\www.baidu.com
广告提示: http:\\www.baidu.com
审核意见:
审核通过
审核拒绝
返回

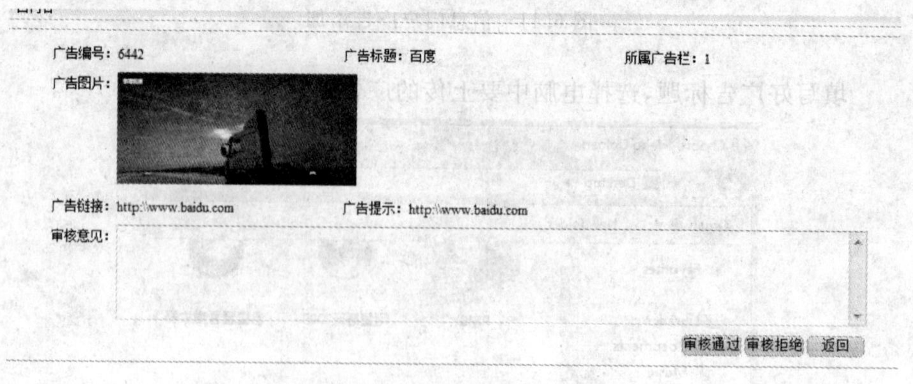

图 6.15　信息门户广告审核

确认无误点击审核通过,该广告即可以在首页显示。

若不同意申请,填写审核意见,并点击审核退回。

第 7 章　综合信息服务平台关键技术

7.1　电子数据交换及安全认证在物流电子交易中的应用

7.1.1　电子数据交换(EDI)

联合国标准化委员会对电子数据交换(EDI)的定义为:EDI 是用户的计算机系统之间对结构化的、标准化的商业信息进行自动化传送和自动化处理的过程。

电子数据交换(EDI)简单地说,就是企业的内部应用系统之间,通过计算机和公共信息网络,以电子化的方式传递商业文件的过程。换言之,EDI 就是供应商、零售商、制造商和客户等在其各自的应用系统之间利用 EDI 技术,通过公共 EDI 网络,自动交换和处理商业单证的过程。

1. EDI 的分类

第一类称为贸易数据互换系统(Trade Data Interchange,简称 TDI)。

第二类常用的 EDI 系统是电子金融汇兑系统(Electronic Fund Transfer,简称 EFT)。

第三类常见的 EDI 系统是交互式应答系统(Interactive Query Response,简称 IQR)。

第四类是带有图形资料自动传输的 EDI,最常见的是计算机辅助设计(Computer Aided Design,简称 CAD)图形的自动传输。

2. EDI 能解决的问题

(1)节约时间和降低成本:由于单证在贸易伙伴之间的传递是完全自动的,所以不再需要重复输入、传真和电话通知等重复性的工作,从而可以大大地提高企业的工作效率,降低运作成本,使沟通更快更准。

(2)提高管理和服务质量的手段之一:将 EDI 技术与企业内部的仓储管理系统、自动补货系统、订单处理系统等企业 MIS 系统集成使用之后,可以实现商业单证快速交换和自动处理,简化采购程序、减低营运资金及存货量、改善现金流动情况等,也使企业可以更快地对客户的需求进行响应。

(3)业务发展的需要:目前,许多国际和国内的大型制造商、零售企业、船公司等对于贸易伙伴都有使用 EDI 技术的需求。当这些企业评价一个新的贸易伙伴时，其是否具有 EDI 的能力是一个重要指标。某些国际著名的企业甚至会减少和取消给那些没有 EDI 能力的供应商的订单。因些，采用 EDI 是企业提高竞争能力的重要手段之一。

3. 物流 EDI

物流 EDI(Logistics EDI)是指货主、承运业主以及其他相关的单位之间，通过 EDI 系统进行物流数据交换，并以此为基础实施物流作业活动的方法。

(1)EDI 技术在企业物流管理中的应用。

1)引入采购进货单。

2)引入出货单。

3)引入催款对账单。

4)引入转账系统。

(2)EDI 在物流运作过程中的应用。

1)一般运作模式。

2)采购的 EDI 应用。

3)配送中心的 EDI 应用。

4)制造商的 EDI 应用。

制造商通过 EDI 可以实现与其交易伙伴间的接单、出货催款及收款作业。期间往来的数据单包括采购单、出货单、催款对账单及付款凭证等。

制造商引入 EDI 数据传输，引入采购单，接收客户传来的 EDI 订购单报文，将其转换成企业内部的订单形式，从而不需要为配合不同供应商而使用不同的电子订货系统，也不需要重新输入详细的订单数据，节省人力和时间，同时减少人为输入错误。

制造商引入 EDI 改善作业流程，可以与客户合作，依次引入采购单、出货单及催款对账单，并与企业内部的信息系统集成，逐渐改善接单、出货、对账及收款作业。

制造商引入 EDI 转账系统，由银行直接接收 EDI 汇款再转入制造商的账户内，这样可以加快收款工作，提高资金运用的效率。

5)批发商的 EDI 应用。

6)运输商的 EDI 应用。

4. 物流 EDI 的优势

使用 EDI 后，给整个信息处理带来了便利：

(1)无纸化贸易，节省费用。

(2)减少重复录入，减少错误。

(3)缩短付款时间，有效加速资金周转，改善现金流动。

(4)更快提供决策支持信息，并及时得到确认。

(5)有助于改善贸易伙伴各方的关系,与贸易伙伴建立更密切的联系。

(6)提高办公效率和可靠性,改进质量和提升服务。

(7)提高文件处理速度,简化中间环节,使内部运作更加合理化。

(8)提供信息查询、报文标准格式转换及信息增值服务等。

7.1.2　数字证书

数字证书是由权威机构——CA证书授权(Certificate Authority)中心——发行的,能提供在Internet上进行身份验证的一种权威性电子文档,人们可以在互联网交往中用它来证明自己的身份和识别对方的身份。

1.数字证书的特点

数字证书也必须具有唯一性和可靠性。为了达到这一目的,需要采用很多技术来实现。通常,数字证书采用公钥体制,即利用一对互相匹配的密钥进行加密、解密。每个用户自己设定一把特定的仅为本人所有的私有密钥(私钥),用它进行解密和签名;同时设定一把公共密钥(公钥)并由本人公开,为一组用户所共享,用于加密和验证签名。当发送一份保密文件时,发送方使用接收方的公钥对数据加密,而接收方则使用自己的私钥解密,这样信息就可以安全无误地到达目的地了。通过数字的手段保证加密过程是一个不可逆过程,即只有用私有密钥才能解密。公开密钥技术解决了密钥发布的管理问题,用户可以公开其公共密钥,而保留其私有密钥。

数字证书颁发过程一般为:用户首先产生自己的密钥对,并将公共密钥及部分个人身份信息传送给认证中心。认证中心在核实身份后,将执行一些必要的步骤,以确信请求确实由用户发送而来,然后,认证中心将发给用户一个数字证书,该证书内包含用户的个人信息和公钥信息,同时还附有认证中心的签名信息。用户就可以使用自己的数字证书进行相关的各种活动。数字证书由独立的证书发行机构发布。数字证书各不相同,每种证书可提供不同级别的可信度。那可以从证书发行机构获得自己的数字证书。

2.数字证书的原理

数字证书里存有很多数字和英文,当使用数字证书进行身份认证时,它将随机生成128位的身份码,每份数字证书都能生成相应但每次都不可能相同的数码,从而保证数据传输的保密性,即相当于生成一个复杂的密码。

数字证书绑定了公钥及其持有者的真实身份,它类似于现实生活中的居民身份证,所不同的是数字证书不再是纸质的证照,而是一段含有证书持有者身份信息并经过认证中心审核签发的电子数据,可以更加方便灵活地运用在电子商务和电子政务中。

3. 数字证书在物流中的应用

SSL 证书是数字证书的一种。在物流综合信息平台之中加入 SSL 证书，通过在客户端浏览器和 Web 服务器之间建立一条 SSL 安全通道(Secure Socket Layer(SSL)安全协议是由 Netscape Communication 公司设计开发的。该安全协议主要用来提供对用户和服务器的认证；对传送的数据进行加密和隐藏；确保数据在传送中不被改变，即数据的完整性，现已成为该领域中全球化的标准。由于 SSL 技术已建立到所有主要的浏览器和 Web 服务器程序中，因此，仅需安装服务器证书就可以激活该功能了)。即通过它可以激活 SSL 协议，实现数据信息在客户端和服务器之间的加密传输，可以防止数据信息的泄露。这样不但保证了双方传递信息的安全性，而且用户可以通过服务器证书验证他所访问的网站是否真实可靠。

SSL 证书安全认证的原理：

安全套接字层(SSL)技术通过加密信息和提供鉴权，保护物流综合信息平台的安全。一份 SSL 证书包括一个公共密钥和一个私用密钥。公共密钥用于加密信息，私用密钥用于解译加密的信息。浏览器指向一个安全域时，SSL 同步确认服务器和客户端，并创建一种加密方式和一个唯一的会话密钥。它们可以启动一个保证消息的隐私性和完整性的安全会话。

SSL 连接总是由客户端启动的。在 SSL 会话开始时执行 SSL 握手。此握手产生会话的密码参数。关于如何处理 SSL 握手的简单概述，如图 7.1 所示。此示例假设已在 Web 浏览器和 Web 服务器间建立了 SSL 连接。

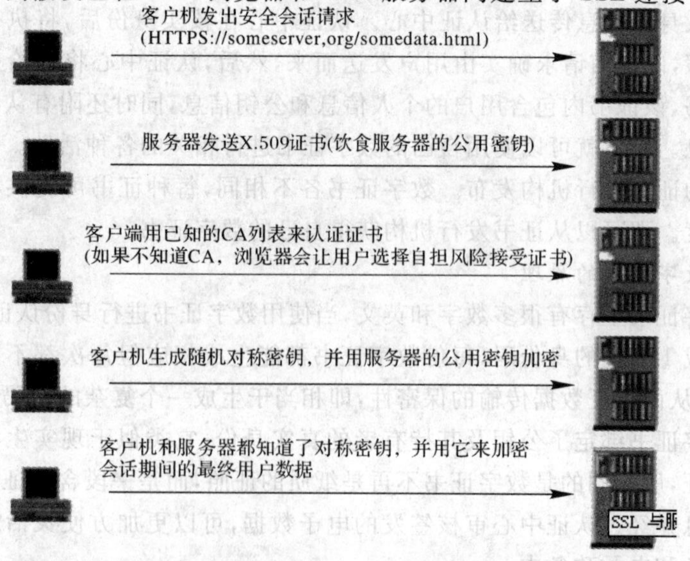

图 7.1　SSL 的客户端与服务器端的认证握手

(1)客户端发送列出客户端密码能力的客户端“您好”消息(以客户端首选项顺序排序),如SSL的版本、客户端支持的密码对和客户端支持的数据压缩方法。消息也包含28字节的随机数。

(2)服务器以服务器“您好”消息响应,此消息包含密码方法(密码对)和由服务器选择的数据压缩方法,以及会话标识和另一个随机数。注意:客户端和服务器至少必须支持一个公共密码对,否则握手失败。服务器一般选择最大的公共密码对。

(3)服务器发送其SSL数字证书(服务器使用带有SSL的X.509V3数字证书)。如果服务器使用SSLV3,而服务器应用程序(如Web服务器)需要数字证书进行客户端认证,则客户端会发出“数字证书请求”消息。在“数字证书请求”消息中,服务器发出支持的客户端数字证书类型的列表和可接受的CA的名称。

(4)服务器发出服务器“您好完成”消息并等待客户端响应。

(5)一接到服务器“您好完成”消息,客户端(Web浏览器)将验证服务器的SSL数字证书的有效性并检查服务器的“您好”消息参数是否可以接受。如果服务器请求客户端数字证书,客户端将发送其数字证书;或者,如果没有合适的数字证书是可用的,客户端将发送“没有数字证书”警告。此警告仅仅是警告而已,但如果客户端数字证书认证是强制性的话,服务器应用程序将会使会话失败。

(6)客户端发送“客户端密钥交换”消息。此消息包含pre-master secret(一个用在对称加密密钥生成中的46字节的随机数字)和消息认证代码(MAC)密钥(用服务器的公用密钥加密的)。如果客户端发送客户端数字证书给服务器,客户端将发出签有客户端的专用密钥的“数字证书验证”消息。通过验证此消息的签名,服务器可以显示验证客户端数字证书的所有权。注意:如果服务器没有属于数字证书的专用密钥,它将无法解密pre-master密码,也无法创建对称加密算法的正确密钥,且握手将失败。

(7)客户端使用一系列加密运算将pre-maste secret转化为master secret,其中将派生出所有用于加密和消息认证的密钥。然后,客户端发出“更改密码规范”消息将服务器转换为新协商的密码对。客户端发出的下一个消息(“未完成”的消息)为用此密码方法和密钥加密的第一条消息。

(8)服务器以自己的“更改密码规范”和“已完成”消息响应。

(9)SSL握手结束,且可以发送加密的应用程序数据。

SSL证书的功能:

(1)确认网站真实性(网站身份认证):用户需要登录正确的网站进行在线购物或其他交易活动,但由于互联网的广泛性和开放性,使得互联网上存在着许多假冒、钓鱼网站,用户如何来判断网站的真实性,如何信任自己正在访问的网站,可信网站将帮用户确认网站的身份。

(2)保证信息传输的机密性:用户在登录网站在线购物或进行各种交易时,需要多次向服务器端传送信息,而这些信息很多是用户的隐私和机密信息,直接涉及经济利益或私密,如何来确保这些信息的安全呢?可信网站将帮用户建立一条安全的信息传输加密通道。

7.1.3 USB-KEY

USB-KEY 中内置了智能芯片,并有专用安全区来保存证书私钥,USB-KEY 证书私钥不能导出,因此备份的文件无法使用,其安全性高于浏览器证书。客户使用时需要安装 USB-KEY 驱动程序,USB-KEY 证书需要证书成本。但 USB-KEY 证书容易随身携带。

USB－KEY 在网络银行中,作为网络银行客户数字证书的载体,承担着保护客户数字证书和私有密钥安全性的重要责任,这对在网络上鉴别用户身份十分关键。其内部芯片操作系统特有的安全加密手段,高达 1 024 位的非对称加密算法 RSA,以及特殊的抗攻击方法,能确保客户在使用网络银行进行金融交易时,无须担心交易安全问题。同时,基于数字签名技术的这种网络金融服务可以提供有效的法律效力,所以目前在网络银行业务中,尤其是 B2C 业务中,银行越来越多地选择 USB－KEY 作为网络银行整体方案的基本硬件配置。不仅如此,其靓丽的外形以及热插拔、易携带的特点也成为其迅速占领市场的重要因素。

USB-KEY 在物流中的应用。物流综合信息平台的电子交易系统中,如果连接了银行的专用 VPN 通道,通常为了交易的账号和密码的安全性会用到 USB-KEY 来保证安全资料的私密性。

7.2 GPS 及无线视频技术和 GIS 在物流配载中的应用

7.2.1 GPS 定位技术

GPS 是英文 Global Positioning System(全球定位系统)的简称,而其中文简称为"球位系"。GPS 是 20 世纪 70 年代由美国陆海空三军联合研制的新一代空间卫星导航定位系统。

1. GPS 定位原理

测量出已知位置的卫星到用户接收机之间的距离,然后综合多颗卫星的数据就可知道接收机的具体位置。要达到这一目的,卫星的位置可以根据星载时钟所记录的时间在卫星星历中查出。而用户到卫星的距离则通过纪录卫星信号传播到用户所经历的时间，再将其乘以光速得到（由于大气层电离层的干扰，这一距离并不是用户与卫星之间的真实距离，而是伪距（PR））：当 GPS 卫星正常工作时，会不断地用 1 和 0 二进制码元组成的伪随机码（简称伪码）发射导航电文。GPS 系统使用的伪码一共有两种，分别是民用的 C/A 码和军用的 P(Y)码。C/A 码频率 1.023MHz，重复周期 1ms，码间距 1μs，相当于 300m；P 码频率 10.23MHz，重复周期 266.4 天，码间距 0.1μs，相当于 30m。而 Y 码是在 P 码的基础上形成的，保密性能更佳。导航电文包括卫星星历、工作状况、时钟改正、电离层时延修正、大气折射修正等信息。它是从卫星信号中解调制出来，以 50b/s 调制在载频上发射的。导航电文每个主帧中包含 5 个子帧，每帧长 6s。前三帧各 10 个字码；每 30 秒重复一次，每小时更新一次。后两帧共 15 000b。导航电文中的内容主要有遥测码、转换码、第 1、2、3 数据块，其中最重要的则为星历数据。当用户接受到导航电文时，提取出卫星时间并将其与自己的时钟做对比，便可得知卫星与用户的距离，再利用导航电文中的卫星星历数据推算出卫星发射电文时所处位置，用户在 WGS－84 大地坐标系中的位置速度等信息便可得知。

GPS 系统主要包括 3 大组成部分：空间星座部分、地面监控部分和用户设备部分。如图 7.2 所示

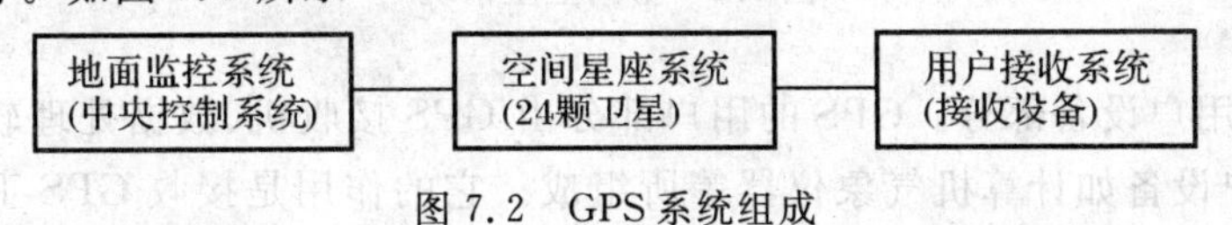

图 7.2　GPS 系统组成

(1)空间星座部分。GPS 的空间部分是由 24 颗 GPS 工作卫星所组成的，这些 GPS 工作卫星共同组成了 GPS 卫星星座，其中 21 颗为可用于导航的卫星，3 颗为活动的备用卫星。这 24 颗卫星分布在 6 个倾角为 55°的轨道上绕地球运行。如图 7.3 所示。卫星的运行周期约为 12 恒星时。每颗 GPS 工作卫星都发出用于导航定位的信号。GPS 用户正是利用这些信号来进行工作的。

(2)地面监控部分。GPS 的控制部分由分布在全球的由若干个跟踪站所组成的监控系统所构成，根据其作用的不同，这些跟踪站又被分为主控站、监控站和注入站。主控站有一个，位于美国克罗拉多(Colorado)的法尔孔(Falcon)空军基地，它的作用是根据各监控站对 GPS 的观测数据，计算出卫星的星历和卫星钟的改正参数等，并将这些数据通过注入站注入到卫星中去；同时，它还对卫星进行控制，向卫星发布指令，当工作卫星出现故障时，调度备用卫星，替代失效的工作卫星工作；另外，主控站也具有监控站的功能。监控

站有5个，除了主控站外，其他4个分别位于夏威夷(Hawaii)、阿松森群岛(Ascencion)、迭哥伽西亚(Diego Garcia)、卡瓦加兰(Kwajalein)，监控站的作用是接收卫星信号，监测卫星的工作状态；注入站有3个，它们分别位于阿松森群岛(Ascencion)、迭哥伽西亚(Diego Garcia)、卡瓦加兰(Kwajalein)，注入站的作用是将主控站计算出的卫星星历和卫星钟的改正数等注入到卫星中去。

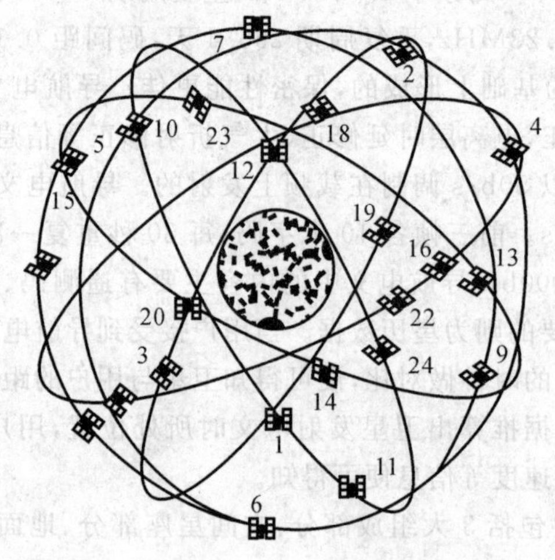

图7.3 空间卫星系统

(3)用户设备部分。GPS的用户部分由GPS接收机、数据处理软件及相应的用户设备如计算机气象仪器等所组成。它的作用是接收GPS卫星所发出的信号，利用这些信号进行导航定位等工作。以上这3个部分共同组成了一个完整的GPS系统。

2. GPS物流行业应用

GPS"物流车"车辆管理系统是根据目前物流行业信息化管理需求开发的车辆管理系统，达到物流车辆及货物实时定位跟踪，从而将运输行业中的货主、货运代理及司机各环节的信息有效、充分地结合起来，降低空车率，最大限度地调配车辆，并可以显示每辆物流车所用的油量、路程，都一目了然，提高了运输效率，降低了运输成本。

7.2.2 GPSONE技术

GPSONE结合了无线网络辅助GPS定位和CDMA三角运算定位，改善了室内定位效果。CDMA三角运算定位弥补在无卫星信号下也能完成定位，其他蜂窝电话网络如GSM/GPRS也有类似自定位技术，但由于CDMA是唯一全网同步(通过GPS)网络，因此定位精度更高。

传统 GPS 技术由于过于依赖终端性能,即将卫星扫描、捕获、伪距信号接收及定位运算等工作集于终端一身,从而造成定位灵敏度低及终端耗电量大等方面缺陷。GPSONE 技术将终端的工作简化,将卫星扫描及定位运算等最为繁重的工作从终端一侧转移到网络一侧的定位服务器完成,提高了终端的定位精度、灵敏度和冷启动速度,降低了终端耗电。

GPSONE 原理图如 7.4 所示。

图 7.4　GPSONE 原理图

在 GPS 卫星信号和无线网络信号都无法单独完成定位的情形下,GPSONE 系统会组合这两种信息源,只要有一颗卫星和一个小区站点就可以完成定位,解决了传统 GPS 无法解决的问题。GPSONE 系统的基础设施辅助设备还提供了比常规 GPS 定位高出 20dB 的灵敏度,性能的改善使 GPSONE 混合式定位方式可以在现代建筑物的内部深处或市区的楼群间正常工作,而两种传统方案在这些地方通常是无法正常工作的。

7.2.3　GIS 技术在物流中的应用

GIS(Geographical Information System,地理信息系统)是多种学科交叉的产物,它以地理空间数据为基础,采用地理模型分析方法,适时地提供多种空间的和动态的地理信息,是一种为地理研究和地理决策服务的计算机技术系统。其基本功能是将表格型数据(无论它来自数据库、电子表格文件或直接在程序中输入)转换为地理图形显示,然后对显示结果浏览、操作和分析。其显示范围可以从洲际地图到非常详细的街区地图,显示对象包括人口、销售情况、运输线路以及其他内容。

GIS 物流管理系统结构图如图 7.5 所示。

GIS 应用于物流分析,主要是指利用 GIS 强大的地理数据功能来完善物流分析技术。GPS 在物流领域的应用可以实时监控车辆等移动目标的位置,根据道路交通状况向移动目标发出实时调度指令。而 GIS、GPS 和无线通信技术的有效结合，再辅以车辆路线模型、最短路径模型、网络物流模型、分配集合模型和设施定位模型等，能够建立功能强大的物流信息系统，使物流变得实时并且成本最优。GIS/GPS在物流企业应用的优势主要体现在以下几个方面：

(1)打造数字物流企业，规范企业日常运作，提升企业形象。GIS/GPS的应用，必将提升物流企业的信息化程度，使企业日常运作数字化，包括企业拥有的物流设备或者客户的任何一笔货物都能用精确的数字来描述，不仅提高企业运作效率，同时提升企业形象，能够争取更多的客户。

(2)通过对运输设备的导航跟踪，提高车辆运作效率，降低物流费用，抵抗风险。GIS/GPS和无线通信的结合，使得流动在不同地方的运输设备变得透明而且可以控制。

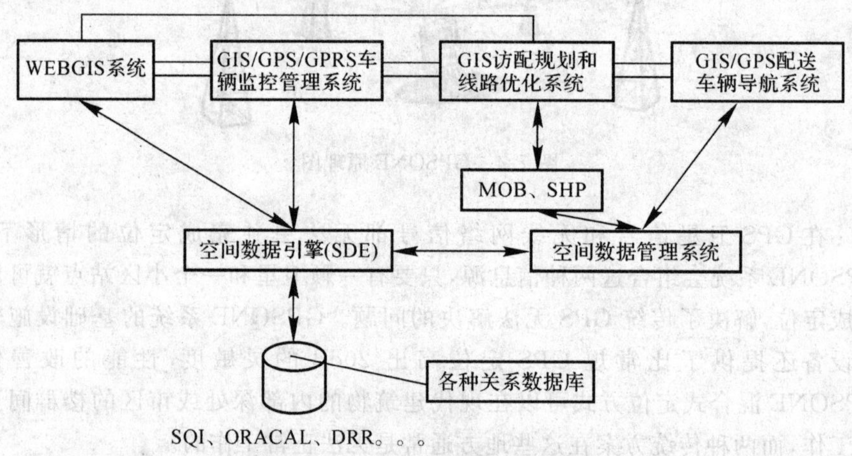

图7.5 GIS物流管理系统结构图

结合物流企业的决策模型库的支持，根据物流企业的实际仓储情况，并且由GPS获取的实时道路信息，可以计算出最佳物流路径，给运输设备导航，减少运行时间，降低运行费用。

7.2.4 无线视频监控

无线视频监控概念就是指不用布线(线缆)而利用无线电波来传输视频、声音、数据等信号的监控系统。

无线视频监控分为模拟微波传输和数字微波传输。

无线视频监控的优势：

(1)综合成本低，性能更稳定。只需一次性投资，无须挖沟埋管，特别适合室外距离较远及已装修好的场合；在许多情况下，用户往往由于受到地理环境和工作内容的限制，例如山地、港口和开阔地等特殊地理环境，对有线网络、有线传输的布线工程带来极大的不便，采用有线的施工周期将很长，甚至根本无法实现。这时，采用无线监控可以摆脱线缆的束缚，有安装周期短、维护方便、扩容能力强、迅速收回成本的优点。

(2)组网灵活，可扩展性好，即插即用。管理人员可以迅速将新的无线监控点加入到现有网络中，不需要为新建传输铺设网络、增加设备，轻而易举地实现远程无线监控。

(3)维护费用低。无线监控维护由网络提供商维护，前端设备是即插即用、免维护系统。

(4)无线监控系统是监控和无线传输技术的结合，它可以将不同地点的现场信息实时通过无线通信手段传送到无线监控中心，并且自动形成视频数据库便于日后的检索。

(5)在无线监控系统中，无线监控中心实时得到被监控点的视频信息，并且该视频信息是连续、清晰的。在无线监控点，通常使用摄像头对现场情况进行实时采集，摄像头通过无线视频传输设备相连，并通过由无线电波将数据信号发送到监控中心。

在物流系统中，无线视频技术主要结合 GPSONE 定位技术以及 GIS 技术，通过无线视频监控设备将要监控车辆的实时信息返回到客户端。

7.3　自动识别技术在物流中的应用

7.3.1　条码技术

1. 条形码概述

条形码(barcode)是将宽度不等的多个黑条和空白，按照一定的编码规则排列，用以表达一组信息的图形标识符。常见的条形码是由反射率相差很大的黑条(简称条)和白条(简称空)排成的平行线图案。条形码可以标出物品的生产国、制造厂家、商品名称、生产日期、图书分类号、邮件起止地点、类别、日期等许多信息，因而在商品流通、图书管理、邮政管理、银行系统等许多领域都得到了广泛的应用。

物流条码是货运单元的唯一标识。货运单元是由若干消费单元组成的稳定的和标准的产品集合，是收发货、运输、装卸、仓储等项物流业务所必需的一种物流包装单元，是多个或多种商品的集合。

2. 一维条形码

世界上约有 225 种以上的一维条形码，每种一维条形码都有自己的一套编码规格，规定每个字母(可能是文字或数字或文数字)是由几个线条(Bar)及几个空白(Space)组成，以及字母的排列。一般较流行的一维条形码有39码、EAN码、UPC码、128码，以及专门用于书刊管理的ISBN、ISSN等。如图7.6所示为一维条形码。

图7.6　一维条形码的识别

3.二维条码技术

二维条码(2-dimensional bar code)是用某种特定的几何图形按一定规律在平面(二维方向上)分布的黑白相间的图形记录数据符号信息的；在代码编制上巧妙地利用构成计算机内部逻辑基础的"0""1"比特流的概念，使用若干个与二进制相对应的几何形体来表示文字数值信息，通过图像输入设备或光电扫描设备自动识读以实现信息自动处理。它具有条码技术的一些共性：每种码制有其特定的字符集；每个字符占有一定的宽度；具有一定的校验功能等。同时还具有对不同行的信息自动识别功能及处理图形旋转变化等特点。

特点：

(1)成熟的标准：我国已将紧密矩阵码(简称CM码)和网格矩阵码(简称GM码)选为国家标准，GM/CM是中国第一个自主知识产权的二维条形码标准。

(2)存储容量大：相对于一维条形码极低的存储量，二维条形码存储大于1KB的信息，单位面积的CM存储量甚至可到32KB。

(3)信息密度高：在一个不大的图形内，可存储数字、英文、汉字、指纹、声音和图片等信息。

(4)采集速度快：识读速度在300ms以下。

(5)纠错能力强:条形码在 50%污损的情况下,仍然能够可以识读。

(6)误码率极低:普通条形码的译码错误率约为 1/500 000 左右,二维条形码的误码率不超过 1/10 000 000,译码可靠性极高。

(7)信息可加密。二维条形码具有多重防伪特性,它可以采用密码防伪、软件加密及利用所包含的信息如指纹、照片等进行防伪,因此具有极强的保密防伪性能。

(8)应用成熟广泛:物流、商品、防伪、运动用品商品标签等等。

二维条形码如图 7.7 所示。

图 7.7　简单二维码

4.二维条码的分类

二维条码/二维码可以分为堆叠式/行排式二维条码和矩阵式二维条码。堆叠式/行排式二维条码形态上是由多行短截的一维条码堆叠而成的;矩阵式二维条码以矩阵的形式组成,在矩阵相应元素位置上用“点”表示二进制“1”,用“空”表示二进制“0”,由“点”和“空”的排列组成代码。

(1)堆叠式/行排式二维条码。堆叠式/行排式二维条码又称堆积式二维条码或层排式二维条码,其编码原理是建立在一维条码基础之上,按需要堆积成二行或多行。它在编码设计、校验原理、识读方式等方面继承了一维条码的一些特点,识读设备与条码印刷与一维条码技术兼容。但由于行数的增加,需要对行进行判定,其译码算法与软件也不完全相同于一维条码。有代表性的行排式二维条码有 Code 16K、Code 49、PDF417 等。

(2)矩阵式二维码。短阵式二维条码又称棋盘式二维条码,它是在一个矩形空间通过黑、白像素在矩阵中的不同分布进行编码。在矩阵相应元素位置上,用点(方点、圆点或其他形状)的出现表示二进制“1”,点的不出现表示二进制的“0”,点的排列组合确定了矩阵式二维条码所代表的意义。矩阵式二维条码是建立在计算机图像处理技术、组合编码原理等基础上的一种新型图形符号自动识读处理码制。具有代表性的矩阵式二维条码有 Code One、Maxi Code、QR Code、Data Matrix 等。

在目前几十种二维条码中，常用的码制有 PDF417 二维条码，Datamatrix 二维条码，Maxicode 二维条码，QR Code，Code 49，Code 16K，Code one 等，除了这些常见的二维条码之外，还有 Vericode 条码、CP 条码、Codablock F 条码、田字码、Ultracode 条码、Aztec 条码。

5. 两者的区别

(1)外观：

一维码：一维码是由纵向黑条和白条组成，黑白相间，而且条纹的粗细也不同，通常条纹下还会有英文字母或阿拉伯数字。

二维码：二维码通常为方形结构，不单由横向和纵向的条形码组成，而且码区内还会有多边形的图案，同样二维码的纹理也是黑白相间，粗细不同，二维码是点阵形式！

(2)作用：

一维码：可以识别商品的基本信息，例如商品名称、价格等，但并不能提供商品更详细的信息，要调用更多的信息，需要电脑数据库的进一步配合。

二维码：不但具别识别功能，而且可显示更详细的商品内容。例如衣服，不但可以显示衣服名称和价格，还可以显示采用的是什么材料，每种材料占的百分比，衣服尺寸大小，适合身高多少的人穿着，以及一些洗涤注意事项等，无需电脑数据库的配合，简单方便。

图 7.8　一维码与二维码对比

表 7.1　一维码与二维码作用对比

条码类型	信息密度	信息内容	纠错能力	数据库	本质
一维条码	低	数字 英文	只能校验，不能纠错	必须依赖数据库或通信网络的存在对物品进行代号标识	对物品进行代号标识
二维条码	高	数字 英文 中文 图片 声音	有很强的错误纠正能力，并可根据需要设置不同的纠错等级	可不依赖数据库或通信网络而单独存在	对物品进行细节描述

(3)优/缺点:

表 7.2　一维码与二维码优缺点对比

	优/缺点	
	优点	缺点
一维码	技术成熟、使用广泛	信息量少、只支持英文或数字
	设备成本低廉	需与电脑数据库结合
二维码	点阵图形,信息密度高,数据量大	
	具备纠错能力	编码专利权、需支付费用
	二维码生成后不可更改,安全性高	
	支持多种文字,包括英文、中文、数字等	
	可将照片、声音等内容进行数字化编码	

要提高条形码的信息数据密度,又要在一个固定面积上印出所需数据,可用两种方法来解决:

(1)在一维条形码的基础上向二维条形码方向扩展,

(2)利用图像识别原理,采用新的几何形体和结构设计出二维条形码。

前者发展出堆叠式(Stacked)二维条形码,后者则有矩阵式(Matrix)二维条形码的发展,构成现今二维条形码的两大类型。具有代表性的堆叠式二维条形码有 PDF417,Code16K,Supercode,Code49 等。具有代表性的矩阵式二维条形码有 GM,CM,QR Code,DataMatrix,Maxicode,等。其中旭感公司的 GM、CM 码已被选为我国二维条形码的国家标准,成为国内唯一拥有自主知识产权的条形码行业标准。

7.3.2　条码在物流领域中的应用

物流首先要在满足客户需求的同时,以提高物品流动的效率和效益为目的。条码在物流中的应用可以有效地提高物品的识别效率,提高物流的速度和准确性,从而减少库存,缩短物品流动时间,提高物流效益,满足现代物流调整高效的要求,同归际服务于客户。

物流与信息流配合并不完全决定于企业内部的管理系统。ERP 强调对供应链的整体管理,是一整合企业资源的信息平台;物流管理是货物在流动过程中的管理,要保证货物即时准确的流动,实现实时记录数据,真实反映货物的流通过程。而物流行业要求物流中心必须在短时间内完成货物数据收集、核对、分拣等作业,数据的准确性和工作效率的要求都非常高。如何高效、快速地采集物质流中的信息,ERP 等是无能为力的,这就需要能渗透到业务环节末梢的手段的加入,条码在物流管事中的引入有效地提高了物流中的信息采集,使实时数据采集和处理达到了业务边界,解决了物流与信息流的配合问题。

1.条码在仓储、运输、配送及物流跟踪中的应用

在物品到达物流企业的同时,物流企业可以在物品上粘贴特定的唯一条码标识,用以跟踪该物品在物流过程中的位置,从而进行实时监控。如图 7.9 所示。该条码标识企业可以在收货后使用条码打印机打印条码后粘贴在物品上。同时,操作员扫描该物品的条码标识实现该物品的入库操作,并将操作信息返回给管理系统。此时,用户或管理员登录管理系统,就可以迅速地查询出该货物的状态和位置。

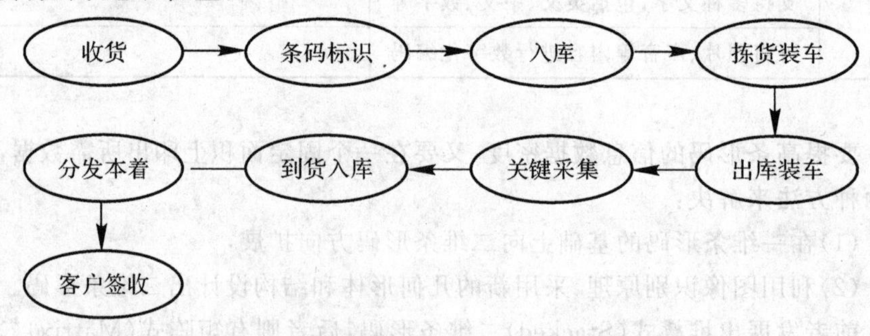

图 7.9 条码在物流跟踪中的应用

2.条码在仓库管理中的应用

(1)对货物进行编码。根据编码原则,按照货物的品名、型号、规格、产地、牌名、包装等划分货物品种,对每一种货物分配唯一的编码。

(2)仓库库位管理。对存货空间的管理。按照库号、架号、层号、位号对库位进行编码,在产品入库时将库位条码号与货物的条码号一一对应,在出库时按照库位货物的库存时间可以实现先进先出或批次管理。

(3)进行货物单件管理。条码技术不仅可以按照品种管理货物的库存,而且还可管理货物库存的具体每一单件。

(4)仓库业务管理包括出库、入库、盘库、月盘库、倒库,不同业务需要以各自的方式进行准确和快速的计算,通过对物品的条码扫描和实时统计,可以及时、方便地对仓库的进、销、存进行管理。

3.条码在货物运输中的应用

计算机网络仅仅解决了信息流的处理问题,并没有解决物流中的物品实时跟踪,这就需要采取其他的技术手段来解决。采用条码就是一个可行的方案。随着条码技术的不断发展,条码在包裹\货物运输中扮演了越来越重要的

角色，特别是近几年来，许多国家的运输公司纷纷采用一维条码和二维条码相结合的货票标签，用以实现货物运输中的跟踪和信息传递。

在货物运输过程中，一维条码和二维条码可以在货物运输的承运\中转\将会和清点等不同的作业环节中发挥作用，货物的许多信息都可以采用PDF417二维条码表示出来。

4. 条码在货物运输作业过程中的应用

在货物运输过程中，作业的基本过程是承运、运输、装卸、半年、保管、查询、赔付等。在货物运输作业中，如在货物发生装卸、交接及货物在终点站的将会时，条码都将发挥作用。

在货物运输作业的具体环节中，条码信息在货物受理、货票等韵语填写时应该同时生成。

在货物承运以后，可以使用一维条码表示货物运输作业过程中所需的数据，如始发站、中转站、终点站、发送件数等信息。

5. 条码在交通运输中的应用

在交通运输中不但要对货物进行实时跟踪、动态管理，而且对驾驶运输工具的人员也要进行科学的管理。这时，证件的能力和防伪能力就成为新一代证件的标志。作为最可靠的识别技术，PDF417不光可以将持证人的姓名、单位、地址、电话、证件号码及有效期限等重要信息进行编码，而且可以将人体的牲如血型、指纹、视网膜扫描及照片等个人信息存储在可自动识读的二维条码里，将二维条码符号印在证卡面上。通过阅读条码不但可以实现证件信息的自动录入，而且通过多种加密方式对数据进行加密，有效地解决证件的防伪问题。

7.3.3 RFID技术

RFID射频识别是一种非接触式的自动识别技术，它通过射频信号自动识别目标对象并获取相关数据，识别工作无须人工干预，可工作于各种恶劣环境。RFID技术可识别高速运动物体并可同时识别多个标签，操作快捷方便。

RFID是一种简单的无线系统，只有两个基本器件，该系统用于控制、检测和跟踪物体。系统由一个询问器(或阅读器)和很多应答器(或标签)组成。

RFID系统在具体的应用过程中，根据不同的应用目的和应用环境，系统的组成会有所不同，但从RFID系统的工作原理来看，系统一般都由信号发射机、信号接收机、发射接收天线几部分组成。下面分别加以说明：

1. 信号发射机

在RFID系统中，信号发射机为了不同的应用目的，会以不同的形式存在，典型的形式是标签(TAG)。标签相当于条码技术中的条码符号，用来存储需要识别传输的信息，另外，与条码不同的是，标签必须能够自动或在外力的作用下，把存储的信息主动发射出去。标签一般是带有线圈、天线、存储器与控制系统的低电集成电路。典型的标签结构如上图所示。

按照不同的分类标准，标签有许多不同的分类：

(1)主动式标签、被动式标签。在实际应用中，必须给标签供电它才能工作，虽然它的电能消耗是非常低的(一般是 10^{-6} mW 级别)。按照标签获取电能的方式不同，可以把标签分成主动式标签与被动式标签。主动式标签内部自带电池进行供电，它的电能充足，工作可靠性高，信号传送的距离远。另外，主动式标签可以通过设计电池的不同寿命对标签的使用时间或使用次数进行限制，它可以用在需要限制数据传输量或者使用数据有限制的地方，比如，一年内，标签只允许读写有限次。主动式标签的缺点主要是标签的使用寿命受到限制，而且随着标签内电池电力的消耗，数据传输的距离会越来越小，影响系统的正常工作。被动式标签内部不带电池，要靠外界提供能量才能正常工作。被动式标签典型的产生电能的装置是天线与线圈，当标签进入系统的工作区域时，天线接收到特定的电磁波，线圈就会产生感应电流，再经过整流电路给标签供电。被动式标签具有永久的使用期，常常用在标签信息需要每天读写或频繁读写多次的地方，而且被动式标签支持长时间的数据传输和永久性的数据存储。被动式标签的缺点主要是数据传输的距离要比主动式标签小。因为被动式标签依靠外部的电磁感应而供电，它的电能就比较弱，数据传输的距离和信号强度就受到限制，需要敏感性比较高的信号接收器(阅读器)才能可靠识读。

(2)只读标签与可读可写标签。根据内部使用存储器类型的不同，标签可以分成只读标签与可读可写标签。只读标签内部只有只读存储器 ROM (Read Only Memory)和随机存储器 RAM(Randmo Access Memory)。ROM 用于存储发射器操作系统说明和安全性要求较高的数据，它与内部的处理器或逻辑处理单元完成内部的操作控制功能，如响应延迟时间控制、数据流控制、电源开关控制等。另外，只读标签的 ROM 中还存储有标签的标识信息。这些信息可以在标签制造过程中由制造商写入 ROM 中，也可以在标签开始使用时由使用者根据特定的应用目的写入特殊的编码信息。这种信息可以只简单地代表二进制中的"0"或者"1"，也可以像二维条码那样，包含复杂的相当丰富的信息。但这种信息只能是一次写入，多次读出。只读标签中的 RAM 用于存储标签反应和数据传输过程中临时产生的数据。另外，只读标签中除了 ROM 和 ROM 外，一般还有缓冲存储器，用于暂时存储调制后等待天线发送的信息。可读可写标签内部的存储器除了 ROM、RAM 和缓冲存储器之外，还有非活动可编程记忆存储器。这种存储器除了存储数据功能外，还具有在适当的条件下允许多次写入数据的功能。非活动可编程记忆存储器有许多种，EEPROM(电可擦除可编程只读存储器)是比较常见的一种，这种存储器在加电的情况下，可以实现对原有数据的擦除以及数据的重新写入。

(3)标识标签与便携式数据文件。根据标签中存储器数据存储能力的不同，可以把标签分成仅用于标识目的的标识标签与便携式数据文件两种。对于标识标签来说，一个数字或者多个数字字母字符串存储在标签中，为了识别的目的或者是进入信息管理系统中数据库的钥匙(KEY)。条码技术中标准码制的号码，如 EAN/UPC 码，或者混合编码，或者标签使用者按照特别的方法编的号码，都可以存储在标识标签中。标识标签中存储的只是标识号码，用于对特定的标识项目，如人、物、地点进行标识，关于被标识项目的详细的特定的信息，只能在与系统相连接的数据库中进行查找。

顾名思义，便携式数据文件就是说标签中存储的数据非常大，足可以看作是一个数据文件。这种标签一般都是用户可编程的，标签中除了存储标识码外，还存储有大量的被标识项目其他的相关信息，如包装说明、工艺过程说明等等。在实际应用中，关于被标识项目的所有的信息都是存储在标签中的，读标签就可以得到关于被标识项目的所有信息，而不用再连接到数据库进行信息读取。另外，随着标签存储能力的提高，可以提供组织数据的能力，在读标签的过程中，可以根据特定的应用目的控制数据的读出，实现在不同的情况下读出的数据部分不同。

2. 信号接收机

在 RFID 系统中，信号接收机一般叫做阅读器。根据支持的标签类型不同与完成的功能不同，阅读器的复杂程度是显著不同的。阅读器基本的功能就是提供与标签进行数据传输的途径。另外，阅读器还提供相当复杂的信号状态控制、奇偶错误校验与更正功能等。标签中除了存储需要传输的信息外，还必须含有一定的附加信息，如错误校验信息等。识别数据信息和附加信息按照一定的结构编制在一起，并按照特定的顺序向外发送。阅读器通过接收到的附加信息来控制数据流的发送。一旦到达阅读器的信息被正确地接收和译解后，阅读器通过特定的算法决定是否需要发射机对发送的信号重发一次，或者知道发射器停止发信号，这就是“命令响应协议”。使用这种协议，即便在很短的时间、很小的空间阅读多个标签，也可以有效地防止“欺骗问题”的产生。

3. 编程器

只有可读可写标签系统才需要编程器。编程器是向标签写入数据的装置。编程器写入数据一般来说是离线(Off-Line)完成的，也就是预先在标签中写入数据，等到开始应用时直接把标签黏附在被标识项目上。也有一些

RFID 应用系统，写数据是在线（On－Line）完成的，尤其是在生产环境中作为交互式便携数据文件来处理时。

4. 天线

天线是标签与阅读器之间传输数据的发射、接收装置。在实际应用中，除了系统功率，天线的形状和相对位置也会影响数据的发射和接收，需要专业人员对系统的天线进行设计、安装。

7.3.4 RFID 技术在物流管理中的应用

RFID 的特点是利用无线电波来传送识别信息，不受空间限制，可快速地进行物品追踪和数据交换。工作时，FRID 标签与“识读器”的作用距离可达数十米甚至上百米。通过对多种状态下的远距离目标进行非接触式的信息采集可对其自动识别和自动化管理。由于 RFID 技术免除了跟踪过程中的人工干预，在节省大量人力的同时，可极大提高工作效率，所以对物流和供应链管理具有巨大的吸引力。

RFID 以无线方式进行双向通信，其最大的优点在于非接触，可实现批量读取和远程读取，可识别调整运动物体，可实现真正的“一物一码”。这种系统可以大大简化物品的库存管理，满足信息流量不断增大和信息处理速度不断提高的需求。

RFID 技术是革命性的，有人称为“在线革命”，它可将所有物品无线连接到网络上。在可以预见的时间内，RFID 标签将调整发展，并与条形码长期共存。RFID 标签和条形码适用于不同的场合，各具优势：条形码适合成本极低的物品，而 RFID 适合对调整移动或多目标的同时识别环境。

在运输管理方面，虽然能够通过便于卫星定位系统获得在途物资的准确位置，但对在途物资的其他信息，如物资的各类、数量、发货人、收货人、合同编号等重要信息的获得则无能为力。并且便于卫星定位系统扮靓同，这对降低物流成本有不利影响，而 RFID 技术只需在货物的外包装上安装电子标签，在运输棱柱体聚会或中转站设置阅读器，就可以实现可视化管理。在运输过程中阅读器将电子标签的信息通过卫星或电话线传输到运输部门的数据库，电子标签每通过一个检查站时，数据库的数据就得到更新，当电子标签到达终点时，数据库关闭。与此同时，货主可以根据权限，访问在途可视化网页，了解货物的具体位置。这对提高物流企业的服务水平有着重要意义。

7.4 单点登录及数据共享技术在物流综合信息门户的应用

7.4.1 单点登录技术

单点登录(Single Sign On),简称为 SSO,是目前比较流行的企业业务整合的解决方案之一。SSO 的定义是在多个应用系统中,用户只需要登录一次就可以访问所有相互信任的应用系统。

单点登录的技术实现机制:当用户第一次访问应用系统 1 的时候,因为还没有登录,会被引导到认证系统中进行登录;根据用户提供的登录信息,认证系统进行身份效验,如果通过效验,应该返回给用户一个认证的凭据——ticket;用户再访问别的应用的时候,就会将这个 ticket 带上,作为自己认证的凭据,应用系统接受到请求之后会把 ticket 送到认证系统进行效验,检查 ticket 的合法性。如果通过效验,用户就可以在不用再次登录的情况下访问应用系统 2 和应用系统 3 了。

可以看出,要实现 SSO,需要以下主要的功能:

(1)所有应用系统共享一个身份认证系统;

(2)所有应用系统能够识别和提取 ticket 信息;

(3)应用系统能够识别已经登录过的用户,能自动判断当前用户是否登录过,从而完成单点登录的功能。

其中,统一的身份认证系统最重要,认证系统的主要功能是将用户的登录信息和用户信息库相比较,对用户进行登录认证;认证成功后,认证系统应该生成统一的认证标志(ticket),返还给用户。另外,认证系统还应该对 ticket 进行效验,判断其有效性。整个系统可以存在两个以上的认证服务器,这些服务器甚至可以是不同的产品。认证服务器之间要通过标准的通信协议,互相交换认证信息,就能完成更高级别的单点登录。

CAS 单点登陆:

CAS 运行基本原理。CAS 服务器、客户端(应用)、浏览器的序列图如图 7.10 所示。

其中,

ST:Service Ticket,用于客户端应用持有,每个 ST 对应一个用户在一个客户端上。

TGT:Ticket Granting Ticket,存储在 CAS 服务器端和用户 cookie 两个地方。

CAS服务器持有ST与TGT+客户端的映射关系，客户端持有ST与用户Session的映射关系，在renew的情况下，每次客户端根据用户Session将ST发送给CAS服务器端，服务器端检验ST是否存在即可知道此用户是否已登陆。在普通情况下，用户第一次登陆应用时，客户端将用户页面重定向到CAS服务器，服务器取出用户cookie中的TGT，检验是否在服务器中存在，若存在则生成ST返回给客户端(若不存在则要求登陆，登陆成功后同样返回ST给客户端)，客户端拿到ST后再发送给CAS服务器认证是否为真实ST，认证成功即表示登陆成功。

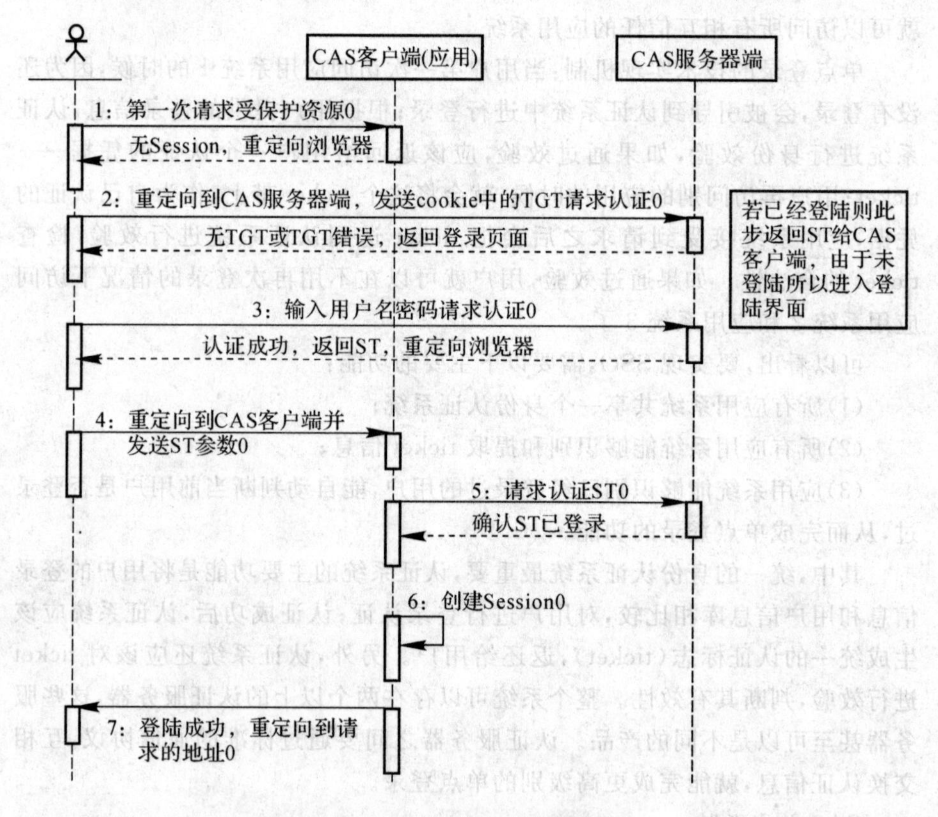

图7.10　CAS单点登陆过程图

可以看到，其实我们需要做的就是第2步中返回的登陆页面由服务器改放到客户端，然后第3步中由用户在客户端上输入用户名密码但提交到CAS服务器端，登陆成功与失败都将转向客户端。

7.4.2　数据共享技术

近年来，数据库和网络技术的发展促进了政府和企业管理的信息化，越来越多的政府和企业，在不同的时期，根据不同需求，建立了各种应用系统。许多情况下，这些系统互不相通，形成了一个个巨大的信息孤岛。因此，建立一个对异构科技资源进行组织和管理的数据共享平台，实现科技资源的统一表示、统一访问和统一传输，最后实现检索结果的统一展示，很有必要。

1. 传统的数据共享技术

在国内外现有的其他领域的数据共享平台中，所采取的技术主要有应用集成技术和消息中间件技术。

NAS(Network Attached Storage：网络附属存储)是数据共享的应用集成技术，是一种将分布、独立的数据整合为大型、集中化管理的数据中心，以便于对不同主机和应用服务器进行访问的技术。按字面简单说就是连接在网络上，具备资料存储功能的装置，因此也称为"网络存储器"。它是一种专用数据存储服务器。它以数据为中心，将存储设备与服务器彻底分离，集中管理数据，从而释放带宽、提高性能、降低总拥有成本、保护投资。其成本远远低于使用服务器存储，而效率却远远高于后者。

应用集成技术虽可实现一个单位内异构业务系统之间的数据共享或流程整合，但不适合广域网环境下多层次、多单位系统之间的数据交换。而且要解决源数据库与目标数据库两种模型之间存在的语法与语义冲突，包括命名冲突、格式冲突、结构冲突往往比较困难；利用消息中间件可实现高效可靠的异步数据传输，但交换方式单一，业务系统接入困难，管理调度机制不健全，不能直接满足科技部门各单位之间复杂多样的数据交换需求。由于应用集成技术和消息中间件技术都有它们的不足之处，皆无法满足多地域、多层次、异构、分布式科技业务系统之间的数据共享要求。因此提出了 Web Service 的解决方案。

2. Web Service 实现跨平台数据共享

它是一种 Web 服务标准，Web 服务提供在异构系统间共享和交换数据的方案，也可用于在产品集成中使用统一的接口标准进行数据共享和交换。

系统间数据交换方式主要有以下三种类型：

(1)业务实体层的数据交换。这是同构子系统系统间最直接和最高效的交换方案。在同构子系统间通过定义数据对象接口层，通过 DTO 进行传输，或者直接在数据库中进行数据表的连接或访问，达到同构子系统间的数据共享和交换。例如征管系统内各个子系统间的数据共享和交换、业务系统和数据挖掘间的数据共享。

(2)Web Service 数据交换。在异构子系统间，同时存在数据不集中的情况下，必须使用有效的技术手段来保证异构的数据共享和交换。Web Service 是基于 Web 的标准服务，其不受传输协议或硬件的限制，也不受子系统具体实现技术的限制。而且现在较先进完备的应用系统或产品都提供了基于Web Service的集成接口。这就解决了异构子系统间的数据共享和交换。Web Service也可以解决跨网络和行业系统的数据交换,这需要对方接口单位同样具备Web Service服务。

(3)格式化文件数据交换。它是与外部系统文件传输,业务上的内部系统和外部信息交换需求,要求提供相应的数据共享和交换技术机制。这类问题通常使用基于文件系统的技术方案解决,例如文件报送、文件交换等。可举例说明:税、库、银三者之间就存在实时和非实时的数据交换,这种交换优化的方案就是使用文件通过Socket进行交换。此类技术实现一般采用底层技术。

7.5 开发平台基础技术

7.5.1 JAVA

Java平台由Java虚拟机(Java Virtual Machine)和Java应用编程接口(Application Programming Interface,简称API)构成。Java应用编程接口为Java应用提供了一个独立于操作系统的标准接口,可分为基本部分和扩展部分。在硬件或操作系统平台上安装一个Java平台之后,Java应用程序就可运行。现在Java平台已经嵌入了几乎所有的操作系统。这样Java程序可以只编译一次,就可以在各种系统中运行。

Java分为三个体系:JavaSE(Java 2 Platform Standard Edition,Java平台标准版),JavaEE(Java 2 Platform Enterprise Edition,Java平台企业版),JavaME(Java 2 Platform Micro Edition,Java平台微型版)。2009年4月20日,Oracle(甲骨文)宣布收购Sun。

Java是一个广泛使用的网络编程语言,它是一种新的计算概念。

首先,作为一种程序设计语言,它简单、面向对象、不依赖于机器的结构,具有可移植性、鲁棒性、安全性,并且提供了并发的机制,具有很高的性能。其次,它最大限度地利用了网络,Java的小应用程序(applet)可在网络上传输而不受CPU和环境的限制。另外,Java还提供了丰富的类库,使程序设计者可以很方便地建立自己的系统。

下面我们分别从这三个方面来讨论Java的特点,然后通过把Java与C,C++相比进一步指出它所具有的优点。

Java语言有下面一些特点:简单、面向对象、分布式、解释执行、鲁棒、安全、体系结构中立、可移植、高性能、多线程以及动态性。

1. 简单性

Java 语言是一种面向对象的语言，它通过提供最基本的方法来完成指定的任务，只需理解一些基本的概念，就可以用它编写出适合于各种情况的应用程序。Java 略去了运算符重载、多重继承等模糊的概念，并且通过实现自动垃圾收集大大简化了程序设计者的内存管理工作。另外，Java 也适合于在小型机上运行，它的基本解释器及类的支持只有 40KB 左右，加上标准类库和线程的支持也只有 215KB 左右。库和线程的支持也只有 215KB 左右。

2. 面向对象

Java 语言的设计集中于对象及其接口，它提供了简单的类机制以及动态的接口模型。对象中封装了它的状态变量以及相应的方法，实现了模块化和信息隐藏；而类则提供了一类对象的原型，并且通过继承机制，子类可以使用父类所提供的方法，实现了代码的复用。

3. 分布性

Java 是面向网络的语言。通过它提供的类库可以处理 TCP/IP 协议，用户可以通过 URL 地址在网络上很方便地访问其他对象。

4. 方便性

Java 在编译和运行程序时，都要对可能出现的问题进行检查，以消除错误的产生。它提供自动垃圾收集来进行内存管理，防止程序员在管理内存时容易产生的错误。通过集成的面向对象的例外处理机制，在编译时，Java 提示出可能出现但未被处理的例外，帮助程序员正确地进行选择以防止系统的崩溃。另外，Java 在编译时还可捕获类型声明中的许多常见错误，防止动态运行时不匹配问题的出现。

5. 安全性

用于网络、分布环境下的 Java 必须要防止病毒的入侵。Java 不支持指针，一切对内存的访问都必须通过对象的实例变量来实现，这样就防止程序员使用“特洛伊”木马等欺骗手段访问对象的私有成员，同时也避免了指针操作中容易产生的错误。

6. 体系结构中立

Java 解释器生成与体系结构无关的字节码指令，只要安装了 Java 运行时系统，Java 程序就可在任意的处理器上运行。这些字节码指令对应于 Java 虚拟机中的表示，Java 解释器得到字节码后，对它进行转换，使之能够在不同的平台运行。

7. 可移植性

与平台无关的特性使 Java 程序可以方便地被移植到网络上的不同机器。同时，Java 的类库中也实现了与不同平台的接口，使这些类库可以移植。另外,Java 编译器是由 Java 语言实现的,Java 运行时系统由标准 C 实现,这使得 Java 系统本身也具有可移植性。

8. 解释执行

Java 解释器直接对 Java 字节码进行解释执行。字节码本身携带了许多编译时信息,使得连接过程更加简单。

9. 高性能

和其他解释执行的语言如 BASIC、TCL 不同,Java 字节码的设计使之能很容易地直接转换成对应于特定 CPU 的机器码,从而得到较高的性能。

10. 多线程

多线程机制使应用程序能够并行执行,而且同步机制保证了对共享数据的正确操作。通过使用多线程,程序设计者可以分别用不同的线程完成特定的行为,而不需要采用全局的事件循环机制,这样就很容易地实现网络上的实时交互行为。

11. 动态性

Java 的设计使它适合于一个不断发展的环境。在类库中可以自由地加入新的方法和实例变量而不会影响用户程序的执行。并且 Java 通过接口来支持多重继承,使之比严格的类继承具有更灵活的方式和扩展性。

7.5.2 SSH 框架

SSH 在 J2EE 项目中表示了 3 种框架,即 Spring + Struts + Hibernate。SSH 框架系统架构图如图 7.11 所示。

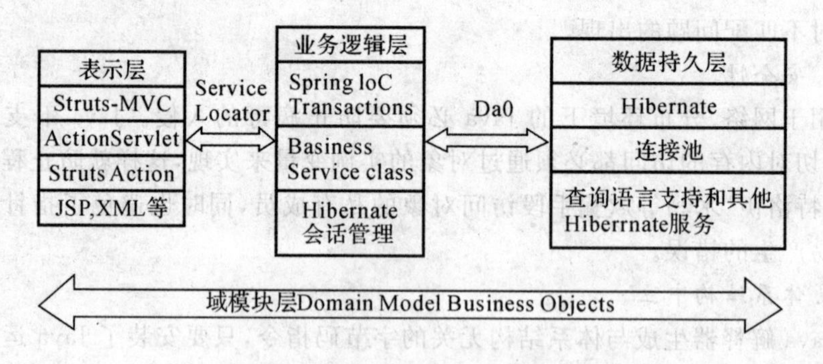

图 7.11 集成 SSH 框架系统架构图

1. Struts

Struts 对 Model,View 和 Controller 都提供了对应的组件。

在图 7.11 中,ActionServlet 这个类是 Struts 的核心控制器,负责拦截来自用户的请求。

Action 这个类通常由用户提供，该控制器负责接收来自 ActionServlet 的请求，并根据该请求调用模型的业务逻辑方法处理请求，并将处理结果返回给 JSP 页面显示。

2. Model 部分

由 ActionForm 和 JavaBean 组成，其中 ActionForm 用于封装用户的请求参数，封装成 ActionForm 对象，该对象被 ActionServlet 转发给 Action，Action 根据 ActionFrom 里面的请求参数处理用户的请求。

JavaBean 则封装了底层的业务逻辑，包括数据库访问等。

3. View 部分

该部分采用 JSP 实现。

Struts 提供了丰富的标签库，通过标签库可以减少脚本的使用，自定义的标签库可以实现与 Model 的有效交互，并增加了现实功能，对应图 7.11 中的 JSP 部分。

4. Controller 组件

Controller 组件由两个部分组成——系统核心控制器，业务逻辑控制器。

系统核心控制器对应图 7.11 中的 ActionServlet。该控制器由 Struts 框架提供，继承 HttpServlet 类，因此可以配置成标注的 Servlet。该控制器负责拦截所有的 HTTP 请求，然后根据用户请求决定是否要转给业务逻辑控制器。

业务逻辑控制器负责处理用户请求，本身不具备处理能力，而是调用 Model 来完成处理，对应 Action 部分。

5. Spring

Spring 是一个开源框架，它由 Rod Johnson 创建。它是为了解决企业应用开发的复杂性而创建的。Spring 使用基本的 JavaBean 来完成以前只可能由 EJB 完成的事情。然而，Spring 的用途不仅限于服务器端的开发。从简单性、可测试性和松耦合的角度而言，任何 Java 应用都可以从 Spring 中受益。

(1)目的：解决企业应用开发的复杂性。

(2)功能：使用基本的 JavaBean 代替 EJB，并提供了更多的企业应用功能。

(3)范围：任何 Java 应用。

简单来说，Spring 是一个轻量级的控制反转(IoC)和面向切面(AOP)的容器框架。

(4)轻量——从大小与开销两方面而言，Spring 都是轻量的。完整的 Spring 框架可以在一个大小只有 1MB 多的 JAR 文件里发布。并且 Spring 所需的处理开销也是微不足道的。此外，Spring 是非侵入式的：典型地，

Spring 应用中的对象不依赖于 Spring 的特定类。

(5)控制反转——Spring 通过一种称作控制反转(IoC)的技术促进了松耦合。当应用了 IoC,一个对象依赖的其他对象会通过被动的方式传递进来,而不是这个对象自己创建或者查找依赖对象。可以认为 IoC 与 JNDI 相反——不是对象从容器中查找依赖,而是容器在对象初始化时不等对象请求就主动将依赖传递给它。

(6)面向切面——Spring 提供了面向切面编程的丰富支持,允许通过分离应用的业务逻辑与系统级服务(例如审计(auditing)和事务(transaction)管理)进行内聚性的开发。应用对象只实现它们应该做的——完成业务逻辑——仅此而已。它们并不负责(甚至是意识)其他的系统级关注点,例如日志或事务支持。

(7)容器——Spring 包含并管理应用对象的配置和生命周期,在这个意义上它是一种容器,用户可以配置自己的每个 bean 如何被创建——基于一个可配置原型(prototype),用户的 bean 可以创建一个单独的实例或者每次需要时都生成一个新的实例——以及它们是如何相互关联的。然而,Spring 不应该被混同于传统的重量级的 EJB 容器,它们经常是庞大与笨重的,难以使用。

(8)框架——Spring 可以将简单的组件配置组合成为复杂的应用。在 Spring 中,应用对象被声明式地组合,典型地是在一个 XML 文件里。Spring 也提供了很多基础功能(事务管理、持久化框架集成等等),将应用逻辑的开发留给了用户。

所有 Spring 的这些特征使用户能够编写更干净、更可管理并且更易于测试的代码。它们也为 Spring 中的各种模块提供了基础支持。

6. Hibernate

Hibernate 是一个开放源代码的对象关系映射框架,它对 JDBC 进行了非常轻量级的对象封装,使得 Java 程序员可以随心所欲地使用对象编程思维来操纵数据库。Hibernate 可以应用在任何使用 JDBC 的场合,既可以在 Java 的客户端程序使用,也可以在 Servlet/JSP 的 Web 应用中使用,最具革命意义的是,Hibernate 可以在应用 EJB 的 J2EE 架构中取代 CMP,完成数据持久化的重任。

Hibernate 的核心接口一共有 5 个,分别为 Session、SessionFactory、Transaction、Query 和 Configuration。这 5 个核心接口在任何开发中都会用到。通过这些接口,不仅可以对持久化对象进行存取,还能够进行事务控制。下面对这 5 个核心接口分别加以介绍。

(1) Session 接口:Session 接口负责执行被持久化对象的 CRUD 操作

(CRUD 的任务是完成与数据库的交流，包含了很多常见的 SQL 语句)。但需要注意的是 Session 对象是非线程安全的。同时，Hibernate 的 session 不同于 JSP 应用中的 HttpSession。这里当使用 session 这个术语时，其实指的是 Hibernate 中的 session，而以后会将 HttpSesion 对象称为用户 session。

(2)SessionFactory 接口：SessionFactory 接口负责初始化 Hibernate。它充当数据存储源的代理，并负责创建 Session 对象。这里用到了工厂模式。需要注意的是 SessionFactory 并不是轻量级的，因为一般情况下，一个项目通常只需要一个 SessionFactory 就够，当需要操作多个数据库时，可以为每个数据库指定一个 SessionFactory。

(3)Configuration 接口：Configuration 接口负责配置并启动 Hibernate，创建 SessionFactory 对象。在 Hibernate 的启动的过程中，Configuration 类的实例首先定位映射文档位置、读取配置，然后创建 SessionFactory 对象。

(4)Transaction 接口：Transaction 接口负责事务相关的操作。它是可选的，开发人员也可以设计编写自己的底层事务处理代码。

(5)Query 和 Criteria 接口：Query 和 Criteria 接口负责执行各种数据库查询。它可以使用 HQL 语言或 SQL 语句两种表达方式。

7.5.3　SOA 体系结构

SOA 是一种思想，通过“服务总线”屏蔽各种现有的和未来的服务组件之间的差异，使业务和技术完全解耦并能自由组合，更好地集成各种形式实现的服务组件。

SOA 服务组件调用方式如图 7.12 所示。

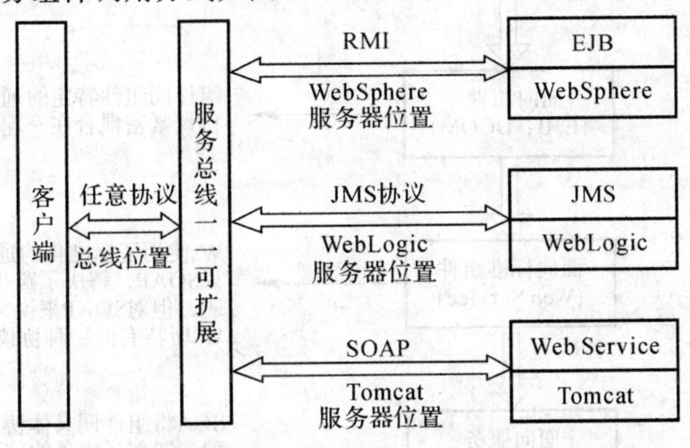

图 7.12　SOA 服务组件调用方式

传统服务组件调用方式如图 7.13 所示。

SOA 的产生进化图如图 7.14 所示。

面向服务的体系结构（Service-Oriented Architecture，SOA）是一个组件模型，它将应用程序的不同功能单元（称为服务）通过这些服务之间定义良好的接口和契约联系起来。接口是采用中立的方式进行定义的，它应该独立于实现服务的硬件平台、操作系统和编程语言。这使得构建在各种这样的系统中的服务可以以一种统一和通用的方式进行交互。

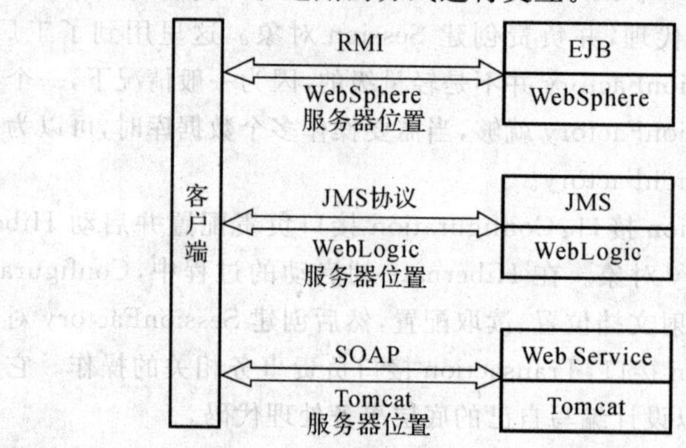

图 7.13　传统服务组件调用方式图

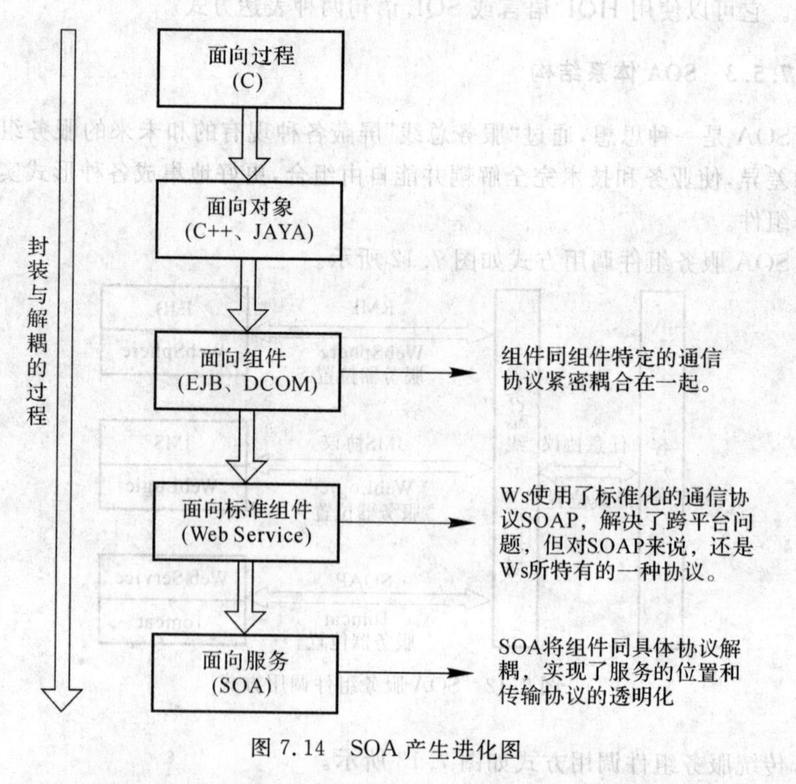

图 7.14　SOA 产生进化图

这种具有中立的接口定义(没有强制绑定到特定的实现上)的特征称为服务之间的松耦合。松耦合系统的好处有两点,一点是它的灵活性,另一点是,当组成整个应用程序的每个服务的内部结构和实现逐渐地发生改变时,它能够继续存在。而紧耦合意味着应用程序的不同组件之间的接口与其功能和结构是紧密相连的,因而当需要对部分或整个应用程序进行某种形式的更改时,它们就显得非常脆弱。

对松耦合的系统的需要来源于业务应用程序需要根据业务的需要变得更加灵活,以适应不断变化的环境,比如经常改变的政策、业务级别、业务重点、合作伙伴关系、行业地位以及其他与业务有关的因素,这些因素甚至会影响业务的性质。我们称能够灵活地适应环境变化的业务为按需(On demand)业务,在按需业务中,一旦需要,就可以对完成或执行任务的方式进行必要的更改。

虽然面向服务的体系结构不是一个新鲜事物,但它却是更传统的面向对象的模型的替代模型,面向对象的模型是紧耦合的,已经存在20多年了。虽然基于SOA的系统并不排除使用面向对象的设计来构建单个服务,但是其整体设计却是面向服务的。由于它考虑到了系统内的对象,所以虽然SOA是基于对象的,但是作为一个整体,它却不是面向对象的。不同之处在于接口本身。SOA系统原型的一个典型例子是通用对象请求代理体系结构(Common Object Request Broker Architecture,CORBA),它已经出现很长时间了,其定义的概念与SOA相似。

然而,现在的SOA已经有所不同了,因为它依赖于一些更新的进展,这些进展是以可扩展标记语言(eXtensible Markup Language,XML)为基础的。通过使用基于XML的语言(称为Web服务描述语言(Web Services Definition Language,WSDL))来描述接口,服务已经转到更动态且更灵活的接口系统中,非以前CORBA中的接口描述语言(Interface Definition Language,IDL)可比了。

Web服务并不是实现SOA的唯一方式。前面刚讲的CORBA是另一种方式,这样就有了面向消息的中间件(Message-Oriented Middleware)系统,比如IBM的MQseries。但是为了建立体系结构模型,用户所需要的并不只是服务描述。用户需要定义整个应用程序如何在服务之间执行其工作流。用户尤其需要找到业务的操作和业务中所使用的软件的操作之间的转换点。因此,SOA应该能够将业务的商业流程与它们的技术流程联系起来,并且映射这两者之间的关系。例如,给供应商付款的操作是商业流程,而更新用户的零件数据库,以包括进新供应的货物却是技术流程。因此,工作流还可以在SOA的设计中扮演重要的角色。

此外，动态业务的工作流不仅可以包括部门之间的操作，甚至还可以包括与不为用户控制的外部合作伙伴进行的操作。因此，为了提高效率，用户需要定义应该如何得知服务之间的关系的策略，这种策略常常采用服务级协定和操作策略的形式。

最后，所有这些都必须处于一个信任和可靠的环境之中，以同预期的一样根据约定的条款来执行流程。因此，安全、信任和可靠的消息传递应该在任何 SOA 中都起着重要的作用。

第8章 综合信息服务平台的应用及推广

8.1 物流信息化重点

科学规划的物流园区建设将分布于城乡各个角落的物流节点统一起来，通过功能整合、技术创新、规模运作，减少物流系统给城市发展造成的负面影响，改善城市的交通、生态环境、城市的景观和优化城市的功能布局，增强城市的综合竞争力。物流园区实现了公用基础设施的集中布局、物流企业的集中布局和货物的集中处理，是社会物流网络系统的重要节点。

(1)创新是物流企业发展的必然选择。虽然中国第三方物流业务的发展很快，市场规模以每年20%～30%的速度上升，但是，真正能够有力量统领全国业务的物流企业尚不多见。由于整体规模小，企业内部下属机构各自为阵，所以国内单个物流企业所占的物流市场份额非常小，很少有拥有超过2%市场份额的物流服务提供商。建立一个高效的全球或全国性第三方物流企业所需资本的投入非常大，越来越多的第三方物流企业都有通过兼并和联合的方式来扩大服务能力的愿望。同时，中国国内一些拥有大量资金的上市公司也在积极寻找新的市场机会，有些公司通过横向整合和纵向整合作为进入物流行业的市场切入点。在中国，第三方物流市场正在或即将迅速发生变化。对于第三方物流企业而言，发展模式从大的方向说有两类，一是通过物流企业间的横向整合来实现物流的网络化和规模化，达到规模扩张；二是通过物流功能的纵向整合来增强物流服务一体化的能力。纵向整合是把物流的各种功能，如储存、搬运、流通加工、配送、运输等整合成完整的物流系统，它是物流横向整合的基础。

(2)三大方向引领创新。物流园区发展的历程必定是一个业务模式不断创新的过程，通过实现物流、商流、资金流、信息流的结合和统一，为客户带来规模效益和多功能的配套服务，由此成为商品集散中心。在这种发展过程中，综合服务创新、物流交易创新和物流金融创新将是物流园区业务创新的三大方向。物流园区最能体现现代物流特点的就是服务功能的整合，可以充分发挥其对各种物流活动进行组织、协调、衔接的功能，将原本可能在几个物流节点完成的服务在一个物流园区空间范围内有机地整合起来，通过物流业务功能的空间集聚，为客户提供多功能的综合一体化服务。

交易与物流是商品流通过程中密不可分、相辅相成的两个组成部分。正如现货商品交易市场不断拓展物流配送业务领域，物流园区向交易平台的拓展也将成为其未来发展的趋势之一。物流园区依托已有的物流运作平台，拓展电子商务、构筑交易平台，有利于将分散交易双方复杂的交易程序和操作过程，转化为集中化、规模化和程序化的运作，可以使货物流通更加快捷和顺畅，有利于形成覆盖全国的网上分销网络系统，并最终形成一定规模和统一服务标准的社会化物流大系统。通过网上交易，可以带动运输、配送、加工等综合物流服务业务的发展，促使传统物流向现代物流转变。大宗商品交易市场基础上衍生的挂牌交易、竞价交易、远期交易、专场交易等电子交易模式为物流园区拓展电子商务提供了良好的经验借鉴。集聚效应的产生和业务专业化经营将成为物流园区未来发展的重要趋势。在我国物流企业的发展过程中，资金制约的问题尤为突出。近年来中国兴起的物流金融业务成为物流与金融领域结合的典型代表和创新性领域。它充分利用供应链环境，为中小企业融资带来新的途径，对整个供应链运作和管理效率的提升产生了积极的作用，因为具有参与各方多赢的特性而具有广阔的发展前景。物流金融业务与银行以往的不动产抵押贷款不同，主要包括基于库存商品融资的动产质押业务和基于订单融资的权利质押业务等。根据我国物流金融业务的特性和物流园区的实际特点，有两种类型的业务模式值得深入研究和拓展：一是以银行、生产流通企业、物流企业＋物流园区为主体的库存商品融资业务，通过直接解决生产流通企业的资金而带动物流园区和物流企业的发展。二是以银行、物流企业、物流园区为主体的订单融资业务，通过直接解决物流企业的资金而促进生产流通企业和物流园区的共同发展。

8.2 信息化推广相关工作

物流综合信息平台的应用及推广主要做好以下工作：

1.我国物流园区信息化建设必须服从物流园区整体战略目标

物流园区信息化的建设作为大的物流园区规划的一部分，要在物流整体规划战略的指导下进行，要符合物流规划的目标和原则，服务于物流规划，使物流规划的效果能够真正发挥出来。

2.统一规划，分步实施

物流综合信息服务平台应该统一规划，统一领导，充分利用现有的社会信息化资源，避免重复建设。同时在实施过程中应该根据实际情况分步实施，注重实效，稳步前进。

3. 政府推动，第三方实施，市场化运作

物流综合信息服务平台建设涉及不同的管理部门、各类物流企业及货物的供需双方，要处理好各方面的关系，需要有政府的协调和推动。物流综合信息服务平台需要采取第三方实施的原则，确保平台具有独立性，从而实现其在公平、公开、公正的基础上，提供有序竞争的环境，满足广大客户对物流信息平台服务功能的需求。物流综合信息服务平台的经营要实行市场化的运作。为了调动主要经营者的积极性，可以采用主要经营者持股方式，并实行风险抵押，使经营业绩和经营者的利益挂钩，增加实体运行活力。

4. 加快物流信息标准化建设

现在大部分企业的物流综合信息服务平台还是封闭运作的，信息在内部网络按共同的标准协议进行数据交换。物流综合信息服务平台要对不同物流信息系统之间的数据进行交换，就特别需要标准化的物流信息，以实现不同物流信息系统数据的顺利交换。如果物流信息数据不是标准、规范、统一的，势必加大数据交换的难度，降低物流信息平台的利用效率，造成资源浪费和信息失真。因此必须加快我国物流信息标准化的建设。

5. 加快物流信息人才的培养

物流综合信息服务平台的建设需要专业的物流信息人才，因此必须加快对物流信息人才的培养。要建立行之有效的人才引进机制和对优秀人才的奖励机制，增强对内部人员物流信息技术的培训。同时，应积极与社会教育机构合作，加大对物流信息人才培养的投入，通过多种途径培养不同层次人才。如果需要，也可以从国外引进高质量的物流信息管理人才。

物流综合信息服务平台面向国内综合性物流园区，根据园区部门业务流程定制设计，将为我国各地物流园区的的发展提供坚实的信息化支撑。